独处疗伤的草丛 修炼悟道的密室

李连江 1963 年生于河北沧县农村，五谷能分，四体不勤。手无缚鸡之力，少年常为生存担忧。幸好遇到大学重开，得以跻身 78 级之列。此后 38 年，辗转五所大学，五次变换身份，十年前落户香港中文大学，兼职华政、南开与浙大。专著半本，论文十数篇；译文三百万字，"三分尘土，七分流水"。近几年受虚荣心驱使，偶尔侈谈治学，奉行启功先生的良心话哲学，不弄玄虚，知有不言，言必有据。

不发表
就出局

李连江 著

中国政法大学出版社

2016·北京

图书在版编目（CIP）数据

不发表，就出局/李连江著.—北京：中国政法大学出版社，2016.9
（2023.1重印）
ISBN 978-7-5620-7005-4

Ⅰ.①不… Ⅱ.①李… Ⅲ.①学术研究－文集 Ⅳ.①G30

中国版本图书馆CIP数据核字(2016)第218098号

出 版 者	中国政法大学出版社
地　　址	北京市海淀区西土城路 25 号
邮寄地址	北京 100088 信箱 8034 分箱　邮编 100088
网　　址	http://www.cuplpress.com (网络实名：中国政法大学出版社)
电　　话	010-58908466(第七编辑部) 010-58908334(邮购部)
承　　印	北京中科印刷有限公司
开　　本	880mm×1230mm　1/32
印　　张	8.25
字　　数	130 千字
印　　数	33 001～38 000 册
版　　次	2016 年 9 月第 1 版
印　　次	2023 年 1 月第 7 次印刷
定　　价	58.00 元

谨将此书敬献给恩师车铭洲教授和慈爱的师母

目 录

理解"不发表，就出局"的第一步，就是要洞悉学术期刊的行规，"有的是明确的规则，有的是隐含的规则。"学术期刊的审稿标准，最核心的有三条，"选题重要"、"研究原创"、"写作清晰"。不出局，很重要，谋求发表有技巧，但不要因此忘记投入学术生涯的初心。"所谓学问好，就是对其他学者做的东西非常清楚。所谓学风严谨，就是诚实对待其他学者的成果。"凡此种种，且看作者如何为我们诠释一幅"术道结合"的"不发表，就出局"图景。

做研究要选择重要的题目，是为了发表，但又不只是为了发表，"因为只有重要的题目才能给你学者身份"；"选不重要的题目是浪费时间"。本章的字里行间，有些做学问的人生经验是写给"青椒"群体的："资深学者好像有当狐狸的特权，年轻学者当狐狸可能会遇到问题"；"有些事情决不能碰，有些诱惑必须拒绝"；"决不浪费写的东西"；"投稿被拒是常态，千万不要因为投稿被拒了就很沮丧"。共勉！

第三讲 研究是原创 65

    "学者是知识的生产者"，但如何创新？如何通过自己的研究"创造新知识、新见解、新概念、新理论"？关键的挑战在于连接起两个基本点，从"经验事实"出发，完成"概念分析和理论建设"。在本章中，作者以他的 signature piece（代表作）为例，讨论了他是如何找到自己作为独立学者的那团"泥巴"的。依法抗争（rightful resistance）这个概念的提出，绝不仅仅只是"什么成功故事"，而是"有点像钻一个很长的山洞，钻的过程中不知道那边有没有出口，不知道能不能走得通，很长时间都是在黑暗中"。作者的这一讲引领我们进入学术研究的深水区，一睹学术研究的价值和魅力。

第四讲 表达要清晰 108

    "我们各有天赋，无法改变，但研究技术可以通过训练获得,通过实践提高"。定性研究讲求"推己及人";定量研究以统计方法检验假设,要求"大胆假设"、"小心求证"和"良心决断"。"写文章时要有 underlined sentences(重点句子)",也就是那些别人读到时会画线标注的句子。对于每一个学者来说,写作过程都是如鱼饮水,冷暖自知的:一方面,"写作是个很辛苦的过程","只有写的时候你的头脑才是主动的";另一方面,学者要"多睡觉","没什么事情值得你牺牲睡眠"——诚哉斯言!

第五讲　期刊投稿　*151*

"没尽到百分之百的努力,稿子是不应该投出去的,否则可能给你造成很大的伤害。"稿子投出去后,"我们一定得像革命年代常说的那样'一颗红心,两种准备'。""在学术界活下来的人,每个人都伤痕累累,关键是你怎么看这些伤痕。在我看来,每道伤痕都是个鞭策,是过去的鞭策留下的记录,也是继续前进的鞭策,在我突破极限的过程中,遇到自己走不过的坎,一道鞭子下来,我就过去了。"我们不是天才,做学问,尤其是向期刊投稿,要有"信心"、"耐心"和"恒心"。

第六讲 学者生涯 193

学者的使命有两个:"创新"与"承传"。学者生涯是"一种有使命的特权",意识到这一点,"就会发现很多以前认为过不去的困难其实容易过去,很多心结很容易解开"。对于在极限处工作的学者来说,"选题就是自讨苦吃,材料永远繁杂难解,文献总是半生不熟,分析必须挖空心思,写作始终惨淡经营,发表永如万里长征"。在最后一讲中,作者讲的是发自内心深处的"心里话","我们可以充分利用这段时间来及时行乐,我们也可以充分利用这段时间,把它变成最高贵的时间"。

第一讲
学术期刊的审稿标准

引言：不发表，就出局

今天要讲的东西和微信上的不同。我在微信上的一些发言有点像片儿汤，今天更接近老朋友聊天。我作为一个过来人，给各位讲一些你们在书本上看不到、在一般正式场合里听不到的东西。标题很简单，就是我们在学术界的人都很怕的一个说法：不发表就出局（publish or perish）。讲这个题目是因为现在 SSCI 变成了悬在国内很多高校社会科学学者头上的一把剑，让大家感到压力很大。那么，SSCI 究竟是什么东西？这种对 SSCI 的迷信是怎么形成的？最重要的问题是：国内的学者写 SSCI 论文真有那么困难吗？我觉得不见得。但这里确实有些行规需要大家注意，任何专业、任何

任何专业、任何行当都有行规。如果没经历过那个行业的训练，有些很明显的东西可能会不注意，不注意就会吃亏。

行当都有行规。如果没经历过那个行业的训练，有些很明显的东西可能会不注意，不注意就会吃亏。

我先举几个例子，都是我在平时工作中遇到的。前不久，有位老师告诉我，他的一篇文章投了几个期刊都没被接受。最让他感到沮丧的是，到第四次，有位匿名评审说："这是我第四次审这篇文章了。"这位老师就不投了，觉得遇到这么一个铁心与他为敌的人，他没任何机会。但在这里到底是谁有问题？其实是这位匿名评审有问题。社会科学界有个不成文，但非常严格的行规，一篇稿件一个人只能评议一次。如果这位匿名评审真是第四次审这篇稿子，那么作者应该这样跟主编提出抗议：你不能让这样的人评我的文章，他没资格封杀我的研究。这实际上涉及学术发表里一些制度性的东西。这些东西，有的是明确的规则，有的是隐含的规则，更多的情况下是约定。如果我们年轻的学者不知道这些不成文的约定，就很可能吃亏。

我再讲另一个例子。有位韩国学者研究中国的汽车产业跟韩国汽车产业的关系。文章投到了某个中国研究里很权威的刊物。几个月后，他收到了两三份评审意见，还有助理编辑的一封信：很遗憾地通知你（I regret to inform you），你的论文现在不能发表。后面有个

社会科学界有个不成文、但非常严格的行规，一篇稿件一个人只能评议一次。

转折：我敦促你修改后再投（I urge you to revise and resubmit）。如果我们了解行规，懂得怎样跟主编打交道，我们就可以推测对方是什么心态。助理编辑在这里用的是敦促（urge），可供选用的词有几个，比如鼓励（encourage）、强烈鼓励（strongly encourage）、强烈敦促（strongly urge）、建议（suggest），而编辑用了"敦促"。根据编辑的用词可以判断这篇文章大概有 80% 的可能被接受。但这位年轻朋友没经验，看到前面那个"很遗憾地通知你"自信心就动摇了，把这篇文章投到了一个不是很知名的刊物，当然很快就被接受了。有次周末行山，他告诉了我这件事，我说："你可吃了大亏了！"学者写篇论文很困难，已经写到八九成的文章，再多加把劲，可能只需要三个月、六个月，就可以在非常好的刊物上发表了。少投入这几个月，表面看来可以利用这点时间写另一篇文章，但对学术生涯来说，可能就错失了一个黄金机会。

这两个例子让我觉得，如果年轻学者可以在一定的场合跟我们这些过来人沟通一下，可能会有些好处。在六天的课程里，我会讲些实际的例子，尤其是我自己遇到的例子。我写过一些文章，有自己写的，也有合作的。我也做过一些刊物的匿名评审，有中国研究

学者写篇论文很困难，已经写到八九成的文章，再多加把劲，可能只需要三个月、六个月，就可以在非常好的刊物上发表了。少投入这几个月，表面看来可以利用这点时间写另一篇文章，但对学术生涯来说，可能就错失了一个黄金机会。

的刊物，也有政治学的。另外，这几年我年纪比较大了，研究能力在减退，所以花了比较多的时间跟年轻学者沟通，说好听点就是传帮带，实话实说就是人老了好为人师。在这个过程中，我体会到一点，就是我和很多在美国、英国读博士的同学经历不太一样。我和我的导师欧博文（Kevin O'Brien）教授有比较多的合作，从中了解到很多学术界的约定。约定就是不需要明确讲的东西，行内的人都知道。约定跟潜规则不一样，潜规则有很大的任意性，靠权力维持，约定比较稳定，靠个人信用维持。懂得约定有什么用呢？对处理下面几个问题有用。比如，你看到主编的信，应该怎样判断要不要修改再投？改完后应该怎么给主编写信，是写得越详细越好，还是要抓住重点？审稿人建议你修改，但你不打算修改或者力不能及，应该怎样处理？我在跟导师合作的过程中，从他那里学到不少相关的约定。

2010 年，当时在上海财经大学当院长的牛铭实老师请我跟他们的海归教师做过一次座谈，介绍怎样在SSCI 刊物上发表论文。我印象最深的一点是，很多我认为每个博士都应该懂的东西，这些老师却不懂。不是说他们不够聪明，那些老师智商都很高，但是有些

约定就是不需要明确讲的东西，行内的人都知道。约定跟潜规则不一样，潜规则有很大的任意性，靠权力维持。

东西他们确实不知道。后来我想明白了，他们在美国读书时，导师不是做中国研究的，对中国也没有兴趣，很多该指点的地方没指点到。这让我觉得，如果以后有机会，我应该跟年轻学者讲一讲。围棋界有个说法叫"内弟子"，就是老师收的学生住在老师家里。我虽然没当过内弟子，但我跟导师的关系比较密切。我跟他合作时学到了很多东西。但是，我不能假定所有获得了博士学位的人都能学到这些东西。

这是段非常长的开场白。下面我来介绍一下这一周的讲课提纲。第一讲主要介绍学术期刊的审稿标准。既然讨论不发表就出局，那么刊物到底要什么样的稿子？如果我们不知道主编要什么样的稿子，投稿就是盲目的。学术期刊最核心的标准有三个。第一，选题重要。但到底什么样的课题是重要的？这里又有很多讲究。不同刊物的标准很可能是不同的。比如说，*China Quarterly*（《中国季刊》）认为重要的课题可能在*American Political Science Review*（《美国政治科学评论》）那里就不是重要课题，反过来也一样。第二，研究是原创。原创究竟是什么意思？对不同的刊物来说，原创也有不同的含义。第三，写作清晰。这是我们以英语为第二语言的人比较吃亏的地方。

第一讲主要介绍学术期刊的审稿标准。选题重要；研究原创；写作清晰。

　　第二到第四讲分别讨论怎样写出符合这三个审稿标准的论文。第二讲讨论怎么选题，第三讲讨论什么是原创。表述清晰本来是三个标准中最不重要的，但是，英语是我们的第二语言，英语的学术期刊代表的是实证批判的学术传统，所以这个最次要标准往往成为我们最难打通的关。第四讲集中讨论怎样把文章写清楚。我会强调六个字：语言、思维、语境。这里多说几句。有的老师可能觉得写不好英文论文只是由于语言上的欠缺。实际上，写不好并不只是语言问题。纯粹的语言问题，就是语法和句法问题，只要请外教、留学生润色就可以解决。真正的问题是听众意识，就是搞清楚到底是写给谁看。我们用中文写论文时脑子里的读者是中国人；用英文写论文的时候，脑子里的读者应该是外国人。但是，如果知识准备得不够，这个外国人面孔往往很难在头脑里清晰地建立起来。比如我审过一篇稿子，英文写得不错，学术规范也可以，但这个学者对话的文献基本上都是中文的。这就很有问题了。如果你以中文文献作为对话对象，文章投到一个英文刊物，主编就会想，我这刊物的多数读者不懂中文，他们能看懂这篇文章吗？发生这样的问题，是因为作者虽然用英文写文章，但他脑子里的读者是中国学者。

第五讲讨论给学术刊物投稿时怎样跟匿名评审和刊物主编打交道。学术界的人都很怵匿名评审，但匿名评审本身是个非常健康的学术制度。

第五讲讨论给学术刊物投稿时怎样跟匿名评审和刊物主编打交道。我刚才提到了，学术界的人都很怵匿名评审，但匿名评审本身是个非常健康的学术制度，我会根据自己的经历跟大家谈以下几个问题：我们应该期望从匿名评审那里得到什么？我们自己在做匿名评审时应该遵守什么样的学术规范？怎样做一个负责任的、健康的、心理正常的匿名评审？做到这一点其实不太容易。一旦有了匿名的保护、戴上面具、觉得别人辨别不出来，甚至觉得别人即使辨别出来也不敢公开指认，有些人就变得完全不是他们自己了。其实不光是学术界，多数人都有这个弱点。很多文化里有狂欢节，欧洲有化装舞会。在化装舞会上，人人戴上面具，谁也不知道你是谁，你想怎样就怎样。匿名评审制度实际上是给评审提供了匿名保护，审稿人在这里显示的可能是他的本相。可是大家知道，本相往往是最难看的。面对匿名评审这个制度，我们首先要承认没有更好的制度，但也必须清楚它有很多不足，关键是怎样调整自己的心态来面对它。

第六讲，也是最后一讲，我跟各位探讨几个关于学者生涯的问题。我觉得学者生涯是一种有使命的特权。为了不辱使命，学者需要精心管理自己的时间，也需要保持自我怀疑。但学者生涯又确实是一种特权，因为学者一生都是在追求自我实现。六讲的基本内容就是这样。我们现在准备进入正题，进入正题前我们先看段录像。这段录像是纪录片《从毛泽东到莫扎特》中的一段，记录的是小提琴大师斯特恩（Issac Stern）访华时指导中国学童的场景。小提琴的基本技术老师可以教给你，只要认真练习，基本的弓法、指法很快就能掌握。但是，斯特恩说，要想成为音乐家、艺术家，只有演奏技术远远不够，首先要在脑子里把这段乐曲想象出来，然后把脑子里听到的那个声音用自己的演奏再现出来。学术也是这样。学者在成长过程中要首先培养自己的眼界，眼界高了，手上的功夫才可能跟上。眼高不一定手高，眼界不高，手上功夫就更加无从着手。我希望各位听完这几讲以后在写文章、修改文章时，脑子里能有那个声音。脑子里有了那个声音，手上的功夫才可能达到那个程度。如果我们看自己的文章时看不出高低，不知道它是到了八成，还是到了九成半，那我们就没办法把它改得更好。

第六讲，我跟各位探讨几个关于学者生涯的问题。我觉得学者生涯是一种有使命的特权。

《中国季刊》的投稿指南和审稿标准

现在进入正题。我先给各位看一下《中国季刊》给作者的指南。这是一个非常泛泛的指南。它说，《中国季刊》欢迎学者，包括研究生，投稿。文章的内容可以关于当代中国的任何方面。"当代中国"又有很明确的界定，包括台湾、香港、澳门，后面还有"西藏"。具体的研究内容如果是关于宗教、媒体、文学，或者是关于 1978 年以前的中国，一定要满足一个条件，就是对当代中国有比较广泛的意义（wider significance）。这是 2012 年的版本。在这一年，《中国季刊》换了一位经济学家当主编。我们知道，经济学家看问题，往往只看现在。所以他加了这一条，讲 1978 年以前的中国，一定要对现在有意义，否则就去投侧重历史的刊物。这个做法引起了编委会一些元老的反对。但不管怎么说，一朝天子一朝臣，一个主编一套编辑方针。我们要投稿到《中国季刊》，就要注意它现在有这样一个取向。

后面这些就完全是技术性的东西了。比如篇幅，

《中国季刊》发表两种文章，一种是正规论文（regular article），不超过九千字，另一种是研究报告（research report），一般是四五千字。还有一些关于文章格式的详细说明（style sheet），比如拼法、引用文献的格式、表格怎样处理。我们一般都不愿意浪费时间改格式，但各位投稿时千万不能偷懒，不能想着等期刊审完内容、愿意接受以后再去改。主编收到稿子以后发现格式不对，有时候就直接拒稿（desk rejection）了。直接拒稿是这几年出现的一个新现象。以前稿子投出去以后，编辑基本都送审。但现在稿子越来越多，很多期刊的主编抱怨面临中国学者地毯式轰炸。所以编辑会先看一下，如果发现稿件跟期刊的要求相差太多，就不送审，直接拒了。格式不对，可能第一关就过不了。

以上是《中国季刊》给投稿人的指南，都很简单。给审稿人的指南就不一样了，非常具体，主要提出了下面几方面的要求。第一，课题的重要性。对《中国季刊》来说，什么样的课题是重要的，用什么标准来衡量课题是否重要呢？我们研究中国政治有自己的关怀。我们关心自己的国家，关心自己国家的政治制度，这个关心是摆脱不了的，想摆脱也摆脱不了。2006年我在明德楼给方法论学员讲课时就强调，衡量研究题目是否重要，有两个标准，一个是最高标准，一个是最低标准。最低标准是，我们关心的题目一定是胡锦涛、温家宝关心的。放到现在，一定是习近平、李克强关心的。如果习近平和李克强不关心，那么我们就不必去研究。最高标准是，我们研究的题目一定是普通民众关心的题目。这样，对我们来讲，一个课题是否重要已经非常清楚了。

但到了学术刊物那里又不太一样了。刊物有自己的主编，有编委，有读者群。那么，主编、编委认为重要的东西是什么呢？如果各位有兴趣给《中国季刊》投稿，那就要注意这个期刊的历史。《中国季刊》的第一任主编是马若德（Roderick MacFarquhar）。他曾经是英国议会议员，但也从事学术研究，后来在哈佛大学任教。《中国季刊》是 1960 年创刊的，也就是说，是在冷战的背景下创刊的。我们知道，1949 年以后，美国，以及整个西方世界，争论到底是谁丢掉了中国。另外，从 1949 年到 1979 年，有差不多 30 年的时间，中国对西方是封闭的。当然，你可以说不是我们闭关锁国，而是西方对我们实行封锁，这个责任说不清楚，反正客观现实就是西方想了解中国，但是没渠道。《中国季刊》的创刊跟这个背景有关系，跟过去的汉学传统也有关系。当然，后一个关系是脱离关系。所谓的汉学（sinology）研究的是我们的经典，比如古典文学、哲学，但不关心当代实际发生的事情。《中国季刊》摆脱了汉学传统，从创刊就很明确，它关注的是当代中国最重要的事情。虽然换了好几任主编，从马若德到 Brian Hook，再到沈大伟（David Shambaugh），再到安瑞志（Richard Edmonds），之后是朱莉（Julia Strauss），再到现在的 Chris Bramall，每任主编的编辑方针不太一样，但都是关注中国现在的事情。

由于不同的主编有不同的侧重，我们在判断某个题目是否重要的时候要考虑主编的学科背景。如果我们往回看二三十年，就会注意到，安瑞志当主编时关于地理学的文章比较多，他是地理学家；沈大伟当主编时，中美关系的文章比较多，那是他的研究专长；朱莉当主编时，历史的东西多一点。现在你会发现《中国季刊》也发计量研究了，毕竟主编 Chris Bramall 是经济学家。研究课题是否被认为重要，跟主编的学科背景有点关系。

《中国季刊》要求文章跟中国的整体状况有关。如果研究区域性的题目，在这本刊物发表很难，因为这样的研究对理解当代中国的总体情况没太大帮助。但也不是说这样的文章就没地方发表，现在中国研究的刊物很多，除了《中国季刊》，还有 *China Journal*，*Modern China*，*Journal of Contemporary China*，*China*：*An International Journal*，*China Review*，*Journal of Chinese Political Science*，*Journal of Current Chinese Affairs* 等。我们判断一个题目对某个期刊是否重要，最直接的方法就是看这个期刊最近发表的文章。根据那些已经印出来的、已经放在网上的文章，你就可以大概判断出来什么样的题目被这个期刊认为是重要的。

还要提醒大家，一篇文章可以写一个很小的事，但一定要在摘要里强调这是个重要课题。假设我们现在有一篇关于地方政府创新的文章，如果要投到《中国季刊》，就要下点功夫论证它的重要性。所谓地方政府创新往往是很小范围的调整，比如搞个联合办公大厅。如果文章就讲办公大厅这样一种制度创新，我判断《中国季刊》十有八九会认为这个题目不够重要。这里，就需要来论证它的重要性。我给大家提个简单的思路，怎样把一个很具体的东西变成一个很重要的题目：论文写的是我手上这块手表，但研究的题目不能是这块手表，至少要讲手表这个类；然后，再想办法提高到一个更抽象的概念，就是计时器；谈到计时器这个层面，就很难说它不重要了。我们在琢磨课题时脑子里要有这样一根弦，要琢磨怎样才能证明它是个重要题目。从一块手表，到所有手表，再到计时器，这是个论证的方法。

除了题目本身重要，《中国季刊》还要求对 20 世纪中国研究这个领域（field）有贡献，这是它的第二条审稿标准。这条标准与作者的学问（scholarship）有关。可能有人会感到奇怪：我们都是学者，都是做学问的人，难道我们不知道学问是什么东西吗？不是这个意思。国内有些学者写的文章恰好体现不出"学问"。我举个例子，大家来琢磨琢磨是怎么回事。有位学者写了篇文章投到了一个很不错的期刊。他做的是个非常好的人类学研究，讨论湖北一个村的党支部书记怎样在村支书这个位子上连续干二三十年，怎样在一次反腐败运动中被反掉，回来了继续当书记。他的文章里也提到了村党支部书记和村委会主任的关系问题。但是，这位作者完全忽视了村两委关系的英文文献，比如说郭正林与白思鼎（Thomas P. Bernstein）的文章。他是去年投的稿子，但引用的文献都是 2000 年以前的。我是审稿人，但我这一次没办法只扮演好警察，还必须扮演坏警察。我向主编报告，这个研究的经验调查

> 文章写得好还不够，还要体现对同行的尊重，这样才能体现出学术研究的积累性。

部分做得很好，但是文章没体现作者的学问。言外之意，他没表现出对其他研究者的基本尊重。根本不提别的学者发表的相关文献，只提一两篇公认的权威论文，把它们当跳板（springboard），那么学术研究的积累性就体现不出来了。我把审稿意见发给主编后，主编还特意回了一封邮件说我的意见非常中肯，他会转达给作者。过了两三个星期，我收到另一家刊物的审稿邀请，还是这篇文章。我刚才说过，我们有个行规，不可以第二次审同一篇文章。所以我只是很快翻阅了一下，结果发现作者一个字都没改。我就告诉第二个刊物的主编，我审过这篇稿子，写过一份很详细的评审意见，但知道我不可以再审这篇文章。第二个刊物的主编说，没关系，他可以破例，因为两次审稿时间隔得太短了。他要我把之前那份评审意见给他，我就原封不动地发给他，同时声明不是正式审稿意见。后面的结果我就不知道了。

《中国季刊》的第三个标准是要跟学科的文献挂钩，比如跟历史学、地理学、政治学、经济学的文献挂钩。这在以前是不明显的，因为以前《中国季刊》非常强调事实，就是所谓侧重资料（data heavy）。现在《中国季刊》也与时俱进了，不仅强调对中国研究有贡献，也强调对学科有贡献。这并不仅仅是因为现在的主编是个经济学家，1994 年，哈佛大学的裴宜理（Elizabeth Perry）教授提出过一个问题。她认为，中国研究在过去几十年中都是消费者，就是我们把经济学、政治学发展出来的概念拿来用，但我们自己没贡献。她问，我们这些做中国研究的学者能不能成为生产者呢？实际上，我们要证明自己的数据（data）是新的是比较容易的，因为研究中国的一个优势就是中国变化得特别快，比如现在写懒政，可能就是一个新题目。但要证明对学科理论有所贡献就比较难了。比如你研究中国的经济，能对经济学有什么贡献呢？这个标准是很难把握的。

下面一个标准是文章的主要论点是不是有合适的支持，具体来说，是恰当引用（proper citation）可信的资料来源（credible sources）和拥有第一手的数据（primary data）。英国人很讲究文字，这里的每个词我们都要很小心地琢磨。比如说，什么叫"恰当的引用"？一篇论文有二十页，如果引用时只是简单引用了这篇文章，那就是不恰当的，应该给出具体的页码，不然人家会怀疑你是不是真看过。如果是直接引用（quote）某篇文章的关键词，那就必须有页码。我讲一个自己的例子。我有次写文章时前后两次引用了一篇文献中的关键词，因为修改了很多遍，定稿时注释马马虎虎过去了。结果，在投出的稿件中，这个词第一次出现时，有引号但没给脚注，隔了一个自然段又出现了这个词，变换了一个说法，加了引号也有注释。有个审稿人指出了这个问题，但他认为这是个诚实的错误（honest mistake）。他强调一定要在第一次引用时给出完整的注释，不然别人会误认为第一个词是你自己提出来的，第二个才是别人的东西。这就是恰当引用的重要性。

什么是"可信的资料来源"呢？我也举自己的例子。我有次引用了一个访谈。评审过程中，有位审稿人指出孤证不举，也就是说，在一个非常重要的问题上，如果只有一个访谈支持，是不能引用的。我后来就删掉了在这个访谈中获得的信息，虽然我知道这个信息其实非常可靠。理解"第一手的数据"可能要绕点弯子。对《中国季刊》这样的英文刊物来说，我们自己的访谈、自己的问卷调查当然是一手数据，但别人做的问卷调查、其他中国学者在中文刊物里发表的文章，也可以算是一手数据，关键是你自己是否做了深加工。这里我给大家提个建议，就是千万不要小看新华社记者写的东西。他们是个很特殊的群体，相当于现在习主席提倡的高端智库。他们非常了解实际情况，而且他们有政治纪律，写东西要负政治责任，所以相当可靠。

下一个标准，是作者的论点是不是逻辑上自洽（logical coherence）。这已经有点接近写作了。英文的特点是逻辑都在字面上，汉语的逻辑往往是隐含的。现代汉语也有"因为"、"所以"、"虽然"、"但是"、"如果"、"那么"这样的逻辑词，但这是欧化的汉语。有些中国学者用英文写文章时，经常出现的问题是逻辑上不自洽。比如，前面和后面可能自相矛盾，文章里有很多跳跃，从一个问题跳到另一个问题。我的建议是，写完文章后要想想能不能用三分钟讲完。如果能讲完，逻辑上一般没问题。如果三五句话讲不完，或者讲完一半后说"其实我是另一个意思"，那就不行。有的文章不是从 A 到 B 再到 C，而是直接从 A 到了 C，B 被跳过去了。实际上，我们写文章时不可能有一个完整的逻辑链条，但你要让读者觉得你是溜过去，不是跳过去。如果是很平滑地溜过去，读者不会觉得有问题，但如果是突然跳过去，读者就会觉得你在逻辑上缺乏自洽。

与文献对话，需要注意与"特定的作品"对话，换句话说，就是与最有代表性的学者的那几篇最有代表性的文章对话。

再后面一个标准是作者在什么程度上与现有文献有扎实的建设性的对话。用英语说，就是 engage 了现有文献。engage 这个词很难翻译，翻译为接触、交锋都不太合适。engage 就是一种状态，不光是简单地碰了（touch on）一个文献，也不是溜过去，而是直接面对。有时候我们还会用 address 这个词，意思是正式发言，表明我们认真对待。文献就是其他学者，就是研究领域的同行，所以对待文献的态度就是对待同行的态度。所谓学问好，就是对其他学者做的东西非常清楚。所谓学风严谨，就是诚实对待其他学者的成果，不贬低他人，不抬高自己。与文献对话，需要注意与"特定的作品"（specific works）对话，换句话说，就是与最有代表性的学者的那几篇最有代表性的文章对话。在这一点上绝对不能偷工减料。如果做得不好或者做得不够，审稿人会委婉或直截了当地问你为什么不引用某某人的东西。强调"特定的"文献，是因为社会科学里没有公认的标准，研究好不好就看大家承认不承认，多数人认可的作品，就是这个特定的文献。

《中国季刊》还有一个审稿标准是研究的独创性和质量。质量很难客观衡量，衡量独创性相对简单。我四月份在上海时，建议年轻学者选题尽量比别人早半步，就是别人还没研究的问题，你先去研究。但是你只能早半步，早太多了谁也不理你。跟大家一起进入一个领域也不行，这时候人就太多了。这里还要提醒大家一点，尽量不要去跟某某人商榷。我在上海讲的时候，有些年轻学者不同意。他们认为，学术辩论就是某某人提了一个观点，然后你提出一个反驳意见，对方回应你的反驳意见；如果不商榷，学术辩论怎么展开呢？这不是我说的"学术商榷"。你可以提反驳意见，但不要去商榷。打个比方，在拳击比赛里，最明确的胜负标准是 KO（knock over），你把人家打倒了，你就赢了。在没有 KO 的情况下，判断输赢靠点数。点数也相同，就看谁主动出拳。所谓原创性就是主动出拳，即使你是想跟某个人商榷，也要表现出你是主动出拳。举个例子，2007 年，蔡晓莉（Lily Tsai）老师在《美国政治科学评论》上发了篇文章，讲非正式制度（informal institutions）对问责（accountability）的影响，用的是个非常有趣的统计工具，叫表面不相关回归（seemingly unrelated regression），数据是村级的。如果你顺着她的思路走，用她的分析方法，收集同类数据，即使最后得出的结论跟她不一样，甚至完全相反，也没太大意义。学术研究的价值在于提出一个新视角，从这个视角去看问题，可以看到以前没看到的东西，至于你从这个视角看到的东西和她看到的东西是不是一样，并不那么重要。但是，如果你能令人信服地证明蔡老师研究有根本缺陷，比如说，你能证明不能根据村级数据对农村干部个人做理论推断，或者说用这个统计工具得出的结论有误导性，另外你指出应该怎样研究非正式制度与问责性的关系，你的研究就有价值了，文章就能发表。这时候，你就不是在跟着人家走，而是在纠正现有研究的错误。打个比方，哈勃望远镜刚被发射到太空时看东西是模糊的，你这篇文章就等于发射了个太空机让宇航员去矫正一下望远镜，这样看东西才清楚，这当然是个巨大贡献。

　　如果是为了学点东西，重复别人的研究是个好办法，但自己做研究时不能重复别人的研究，变相的重复也不行。人家有个思路、有个方法，你去重复一遍，得出个不同的结论，这样的文章很难发表。顺便说一句，即使是为了学习，重复别人的研究时也要留个心眼儿。我问过几个做计量分析的学者，是密西根大学毕业的。他们读研究生时要求老师提供数据，重复老师在好刊物上发表的文章。有趣的是，他们没有一次能够完全重复老师的分析结果。这只能说明一点，当

如果是为了学点东西，重复别人的研究是个好办法，但自己做研究时不能重复别人的研究，变相的重复也不行。

年老师做的分析有艺术成分，艺术性的东西不能重复，老师也不会写在文章里。

什么是原创性，请大家慢慢体会。实际上，除了偶然情况外，我们很难有把握自己做的东西是新的。我比较幸运，刚好碰上了这种比较少见的情况。我1994年开始研究农民上访。在农村生活的人都知道，农民上访在90年代初比较兴盛。但在国外的中国研究领域，90年代没人关注这个问题。当时研究中国农村的专家看的往往是发达地区，比如温州、苏南，这些地方的上访很少。即使看到了，他们也不一定知道是农民上访。例如，有位美国教授曾经在广东某个乡政府与干部座谈时，几十号农民突然很兴奋地进来，他用的词是"excited"。农民很兴奋地进来，站成一圈，乡干部跟他们说了一番话，农民走了。好几年以后，我告诉这位美国教授，他那天看到的就是农民集体上访。他说："哦，原来那就是农民集体上访啊！"90年代我跟欧博文老师研究农民上访时，上访对英语世界的中国问题专家是个新东西。当然，这个"新"是相对的，当时国内很多学者在研究这个问题，国内外都有历史学家研究中国历史上类似上访的活动，比如告御状。但是，20年前研究中国当代的集体上访，对英文学术界来说是新的，《中国季刊》以及其他中国研究的刊物没发表过相关文章，欧老师和我的文章就被刊物评委认为是原创的。

下面讲质量。我比较欣赏这个标准。刚才许光建院长很客气，说我发表了很多文章。其实我写的东西非常少，从读博士到现在二十多年只有二十几篇文章，平均一年一篇多一点。我有时候跟学生开玩笑，说我的文章含金量很高。香港的教授工资比较高，我一年拿那么多薪水就写一篇文章，含金量当然是很高的。各位年轻老师和研究生面临生存压力，有时候没办法，必须牺牲点质量。我自己也做过这种牺牲。但是，我希望杨开峰院长能把美国最好的大学里做学问的风气带过来，大家不要去追求数量，而是去追求你的文章能在学术界占据一席之地。欧老师经常让他的学生算一笔账，最优秀的记者与最优秀的学者差距在哪里？关于同一个问题，最优秀的记者能做到 85%，但永远做不到 100%，最优秀的学者可以把 85% 到 100% 之间的 15% 做出来。不过，欧老师也强调，这里有个很大的心理考验，就是这最后的 15% 会花费 85% 的精力。有的时候，年轻学者写的文章达到了 85%，如果着急发表，投到那些比较容易的刊物，很快就能发出来，也

> 大家不要去追求数量，而是去追求你的文章能在学术界占据一席之地。

不需要修改。但是，你要付出代价，就是你做的东西永远不能让你在学术界有一席之地，你永远没办法达到 100%。

我从来没当过系主任。假如哪一天我忽然觉得学问做不下去了，只能搞点行政了，那我可能是个非常 intrusive 的系主任。Intrusive 有贬义，就是插手太深的意思。因为我可能干预年轻老师的写作和发表，不是对他们指手画脚，而是告诉他们，你这个文章还需要下功夫，再等三个月、再等六个月、甚至再等一年。多下点功夫，文章的质量会提高，这个区别可能就是从 85% 到 100%，再下三五个月功夫做出那 15%。我认为完全值得。对我的学生，我会直接干预，对同事我可不敢，同事之间要彼此尊重。你去干预，人家会觉得你干涉了他的学术自由。所以，我在中文大学九年多，对年轻同事一直客客气气。可是，最近有个同事临走时跟我说，来系三年后才听到有位老师说过什么话，如果早点知道这个话就好了。其实是我有一次实在忍不住，在一个很随便的场合顺口跟他说了那句话，他不记得是我说的，只记住了那句话。这件事让我反省，我觉得对年轻同事敬重有余，关心不足。如果哪天我当系主任，当然这是虚拟语气，也许我会干预。

最优秀的记者与最优秀的学者差距在哪里？关于同一个问题，最优秀的记者能做到 85%，但永远做不到 100%，最优秀的学者可以把 85% 到 100% 之间的 15% 做出来。

我们这些读书人做学问图的是什么？我不知道你们怎么想，我觉得最重要的是把天赋你的那点本事使出来，这是一个自我发展的过程。

实际上，资深教授为年轻学者提建议，在美国有个很好的说法，就是 mentoring，意思是生涯指导。我希望我们学院的资深老师对年轻老师有这种责任感，把我们经历过的事情、把我们撞了南墙才学到的教训告诉年轻学者。这也是我来做这个讲座的目的。我知道哪些地方会出问题，所以我来告诉各位，希望各位能避免这些问题。

一项研究能做到 100%，就不要只尽 95% 的努力。

学术界历来有两种取向，一个是重质量，一个是求数量。二者都做好的当然有，但那是天才人物，不是我们这个圈子的，我们犯不上跟他们比。谈到质量，我的观点是，一项研究能做到 100%，就不要只尽 95% 的努力。你们不要觉得这是完美主义，我觉得学术研究的价值恰恰体现在这个地方。我们这些读书人做学问图的是什么？我不知道你们怎么想，我觉得最重要的是把天赋你的那点本事使出来，这是一个自我发展的过程。我有时说，大学老师是天下最好的工作，因为大学老师一辈子的工作都是为了开发自己的才能，别人还给工钱。开发自己，就是突破自己的极限，就是这一篇文章写出来一定要比上一篇好，就是每一篇文章一定要做到最好的程度。学术研究归根结底就是要突破自己的极限。我们都知道达到极限已经非常痛

突破极限才是做学术的价值。

苦了，但我们还要突破自己的极限。这有点像跑马拉松。据说跑马拉松时有个极限，突破极限以后再往前跑，有一种飘飘欲仙的感觉。我们后面会提到，匿名评审起什么作用？就是告诉你还不行，还差一点，还没达到你的极限，外力推一把，你才会突破极限，突破极限才是做学术的价值。所以，我们看匿名评审的意见时，要想到他是在帮我突破极限，至少客观上是这样。突破极限的过程是痛苦的，但这种痛苦是值得的。只有树立了这样的心理，你才会真正去追求原创性、追求质量。

《中国季刊》还要求评审人评估稿件需要多少文字加工（copy editing），这个标准是针对我们这些英语非母语的人制订的。除了几个天才型学者，我们这些成年后学英语的人写的文章，不管下多大功夫，英语总是不会完全过关，所以文字加工必不可少。我比较幸运，只有一篇文章花钱请人做了文字加工，其他的都是写到差不多就发给欧博文老师。欧老师写作非常高明，有自己的风格。他在写作上是个绝对追求完美的人。你们知道绝对追求完美的人有什么弱点吗？如果你知道，你可以利用他们的弱点。我们住过大学宿舍的人都知道，最好有个有洁癖的室友，大家跟着沾光，因为他总是打扫，总觉得屋里不干净。欧博文老师在文字上有洁癖，他看到不完美的东西就忍不住去修改，错误的更不在话下，往往是他只给你改一个字，文章马上就不一样了。

我很坦白地告诉各位，国内一些给英文刊物投稿的学者还不懂得文字多么重要。他们可能觉得，研究做好了，评审不会介意英文水平。如果是做自然科学研究，这个想法成立。做中国研究，20年前这样想也成立。现在这样想可能就把自己估计得过高了。《中国季刊》有过例外，请人翻译国内学者的文章，但这确实是例外。现在投稿，英文不好很可能过不了第一关，因为主编很可能找不到人评审，尤其是找不到资深学者评审。这倒不是说资深学者摆架子，但人年龄大了，精力自然减退，尽义务的热情也自然会消退。以我自己为例，十年前如果有很好的刊物让我审稿，我一般不会谢绝，但现在我就挑剔多了。刊物找人审稿时都先把摘要发过来，我往往看完摘要就谢绝，因为很多摘要写得太粗疏。我没任何歧视的意思，但有时我一看摘要就知道是国内学者写的，也能看出大约做到了八成。这个时候，我就会替作者感到惋惜，花这么多时间做研究，下这么大功夫写文章，为什么不花一两千块钱请个留学生、请个外教把文字润色一下呢？摘要写得很粗，写得不严谨，很多人不会有兴趣看全文。我建议大家一定不要省这个钱。

后面一项是表格和统计数据，这也是容易出错的地方。如果是写计量分析的论文，表格一定要反反复复地看，比如报告显著度，多一个星少一个星就会出问题。不同的刊物有不同的要求，但表格看起来必须专业，这是最起码的要求，否则审稿人会觉得你不认真，是匆匆忙忙赶活儿。密歇根大学出版社让我审过一本书的初稿，里面有好几张统计图表是直接从STATA输出来的、很粗糙的表格。我在报告中指出了这个问题。大家可能觉得表格没人看，实际上有的时候审稿人首先看表格。

另外几份期刊的审稿标准

《中国季刊》各项审稿标准的顺序不是随便排的。第一个标准最重要。也就是说，如果你研究的问题被认为是重要的，这个第一关过了，后边才有戏。第一关过不了，后面的都没用。我们再来看另外几个刊物的审稿标准。大家会立刻注意到，几乎每个刊物都把题目重要列为第一项标准。我们系博士论文开题时，我经常问学生："你这个题目是部级标准，政治局委员标准，还是政治局常委标准？"最起码得是部级标准。写了篇博士论文，连部长都不屑于看，更没政治局委员关心，写它干什么？

China Journal（《中国研究》）的审稿标准首先要求审稿人判断文章的原创性和质量。第二条标准很有意思。《中国季刊》和《中国研究》在中国研究领域里有点瑜亮情结。《中国研究》原来的刊名是 Austra-lian Journal of Chinese Affairs，在地理上位于下风，因为在澳大利亚，跟英国比相对偏远。而且它编辑力量较小，一年只出两期。《中国季刊》是季刊，一年四期。如果我有篇文章，这两个刊物都可能接受，那我可能先投《中国季刊》，因为它版面多，《中国研究》一年两期，要等很长时间。但是主编安戈（Jonathan Unger）教授很高明，把这个弱点当卖点，很自豪地跟审稿人强调，投给《中国研究》的稿子大部分会被拒掉。《中国研究》还说它的标准跟《中国季刊》相似，但更加严格。实际上，这两个刊物最主要的区别是文章的篇幅。《中国季刊》的上限是 9000 字，《中国研究》的上限是 11000 字。所以，各位如果有非常重头的文章，可以投给《中国研究》，因为即使《中国季刊》接受，砍掉几千字也是很痛苦的。

China：An International Journal（《中国：国际期刊》）是郑永年老师主编的。这个刊物创刊后稳步渐进，但似乎还没起飞。我这么讲，郑老师肯定不高兴。我猜想，没起飞的原因之一是这个刊物鼓励东亚所的学者投稿。这样做也许欠妥，外边的作者知道刊物有这样的政策会觉得刊物优先考虑自己人。当然，我是道听途说。话说回来，我认为刊物稳稳进步但不起飞，其实是好评，这种状况证明刊物健康。学术刊物的名声与学者的名声相似，需要长时间积累。如果年轻刊物突然在某些指标上快速攀升，就跟年轻学者突然爆红类似，除非真有响当当的成就，否则只能招惹是非，行家会怀疑有灌水甚至更等而下之的行为。总而言之，虽然郑老师这个刊物在学术界影响还不是特别大，但它的审稿标准非常细致，非常专业，我很喜欢。

下面我们来看《美国政治科学评论》。它的第一个审稿标准是研究课题是否重要（importance of subject matter）。再比如 *Journal of Politics*（《政治学杂志》），这是美国政治学三大刊物之一。它的第一个标准是：你

> 学术刊物的名声与学者的名声相似，需要长时间积累。

认为这篇论文是不是讨论了一个重要的题目。*British Journal of Political Science*（《英国政治学杂志》）首要的标准也是题目是否重要。我们可以注意这个刊物使用的形容词，几个简单的形容词就讲清楚了审稿标准。比如，讲到题目，是 important（重要）和 trivial（琐碎）两个极端。讲到研究路径，是 original（原创）和 derivative（衍生）两个极端。我刚才讲了半天不要跟人家商榷，就是强调要原创，不要让人家觉得你是跟着别人跑、顺杆爬。讲到表达，它的用词也很有意思，叫 felicitous（明快）还是 awkward（笨拙）。这里的 awkward 不是指不正确，正确但拙劣也不行。我以前是学哲学的，哲学家写东西往往让人看不懂，也不都是故意让人看不懂，哲学家的思想本来就很难懂。当然，也有些号称搞哲学的人以晦涩言浅显，掩饰自己的荒疏与空虚。我刚到美国时，写的东西很笨拙，欧博文老师说我写文章总是往后退，他不好意思说我 awkward。写文章应该是往前走的，从 A 到 B 到 C 到 D，不能从 D 开始，然后说背后那个是 C，C 背后的是 B，B 背后的是 A。这套哲学家故弄玄虚的文风在社会科学里是行不通的。搞哲学的人往往特别自大，本来能简明讲清的道理，非说得玄玄乎乎，觉得读者一定会耐心反复阅读，直到终于搞懂。政治学者可不能有这种自大心理。你的文章写出来，评审看了几分钟觉得看不下去，很快就找个借口建议主编拒稿了。即使侥幸发表，读者看了几分钟还不得要领，也就顺手扔了，不会有多少个人反复看的。我们后面还会具体谈写作的问题。

第二讲
选重要课题

引言： 两篇审稿报告

昨天讲到，不管是中国研究刊物，像 *China Quarterly*、*China Journal*、*China：An International Journal*，还是政治学刊物，像 *American Political Science Review*、*Journal of Politics*、*British Journal of Political Science*，都要求审稿人首先判断题目是否重要。所以，如果我们想在这些比较好的学术刊物上发表文章，首先要做的就是选择重要的题目。我们今天就来讨论到底什么叫重要的题目。

我先给大家看两篇审稿报告，一份是我评别人的，一份是别人评我的。第一篇昨天已经提到了，我评审的文章讨论的是湖北一个村党支部书记当二三十年支书的经历。我的第一段写得非常正面，如果我自己收到这样的审稿意见，一定会非常高兴。我说，这篇文章在学术上有很大的意义，最近村委会选举的研究有计量化的转向，但我用了一个词是 disquieting，也就是说，这种转向让人不安。研究村委会选举时，如果过分强调计量分析，尤其是用比较肤浅的方式做计量分析，会让大家觉得这个题目没什么意思。正因为如此，这篇文章能矫正研究方向，因为农村的政治权力归根结底还是在党支部手里，党支部书记是一把手。我的审稿意见第一句从学术研究的角度肯定了这篇文章的重要性。

紧接着我就具体讲这篇文章好在什么地方。我说作者非常深入地研究了一个村庄的政治史，我这里是用他自己的话来夸奖他的。审稿人用作者自己的话来评价文章是非常正面的标志。作者说他要看的是村级政治的实际过程、深层的动力结构，从而来揭示真正的本质（true nature）。我用 true nature 没有任何讽刺意思，因为他确实揭示了真正的本质。当然，虽然我们也会在文章里恭维一下自己，但一般不会走那么远。这位作者比较特殊，这也可能是他这篇文章被拒的原因。接下来，我说，因为当地有位非常有名的学者帮

他，他对这个村子长达几十年的政治戏剧做了非常深
入的研究，这是一份很好的实地调研报告（field report）。
我说，很显然作者有非常好的人类学训练，这样我就
点明了学科。我们昨天已经提到了，现在的中国研究
要求有一定的学科背景。我还用了个非常有分量的词，
就是"杰出"（outstanding）。说实话，从来没有审稿人
说我的文章杰出，所以这是个非常正面的评价。当然，
作为审稿人，我们不能跟主编说这篇文章很好，就这
么发吧。不然就会出现两个问题。第一，这有意无意
把自己摆在了跟主编相等的位置上，这样越位是不行
的。第二，天下没有完美的文章，如果你说这篇文章
非常好，可以发了，那就等于承认自己水平不够，没
看出问题来，没看出缺点来。所以，我们做评审时，
一般不能只说这篇文章非常好，可以照发，总是要看
看这篇文章还有没有修改的余地。

现在就来看我给作者提的修改意见。第一个建议
跟今天的主题有关，就是重要性。一方面，我们已经
提过了，这篇文章对片面倚重计量分析的趋势是个矫
正，但是作者仍然没充分把这个问题的重要性建立起
来，这是这篇文章一个不可否认的弱点。我们知道，
中国有大约七十万个行政村，也就有大约七十万个村

党支部书记，一篇文章研究一个村的党支部书记，是七十万分之一，这个研究的重要性，它的大的含义（larger implication）到底是什么？你可以用各种方法来论证研究问题的重要性。比如说，中国农村的政治结构是同构的，我们可以根据一个村的情况来推断这个现象在其他地方也一定存在；也可以说，虽然你自己只对一个村子进行了详细的研究，但可以根据其他学者的研究判断这个村的情况不是孤立现象。不管怎么论证研究题目的重要性，这个功夫都是要做的，不能回避。打个比方，毛主席讲要"解剖麻雀"，你也解剖了一只麻雀，但是你解剖的这只麻雀是不是正常麻雀呢？如果你解剖的刚好是一只畸形的麻雀，还说中国的麻雀都是这个样子，那显然是个错误的结论。所以，你要去证明你解剖的麻雀是只正常的麻雀，我们可以通过你对一个村子的研究知道中国农村（至少是很多村子）的党支部书记的权力运作大概是什么样子。

那么到底怎么建立论文的重要性呢？除了从实质内容角度证明这个研究问题确实重要，还应该把学术界现有的、公认的重要研究总结出来，然后说这些公认的重要研究有哪些盲点、哪些问题没充分讨论，我的研究做出了什么贡献。在审稿意见的最后，我说，

怎么建立论文的重要性呢？除了从实质内容角度证明这个研究问题确实重要，还应该把学术界现有的、公认的重要研究总结出来，然后说这些公认的重要研究有哪些盲点、哪些问题没充分讨论，我的研究做出了什么贡献。

不能对这么多重要的现有研究只字不提。我把书目和
文章列出来，就是告诉作者他的研究在文献上有个非
常明显的空白。他是 2015 年投稿的，而我指出他应该
重视而没重视的文献中，最早的发表于 1999 年，也就
是说，十五年的文献他都没提到。如果简单地拿一两
篇文章作跳板，在学术上就是投机取巧，没体现学者
应有的严肃态度。所谓"严肃"，就是很严肃地对待其
他学者、对待其他学者写的文章，不能视而不见。学
术研究里撞车的现象经常出现，同时发现一个问题、
同时想清楚一个道理是经常出现的事。在数学界，微
积分是牛顿还是莱布尼茨发明的，就有很长时间的争
论。这种情况在社会科学里就更常见了。一篇文章可
能有五十个观点，我们不可能每个观点都重视。但是
毕竟每篇文章都有一个关键观点。比如说郭正林老师
和白思鼎老师专门讨论两委关系。这篇稿子讲党支部
书记的权力运作，对这两位学者的研究只字不提，在
英文学术界是犯了大忌。

　　实际上并不需要很长时间来修补这个问题，一个
月就够了，最多三个月。不就是读几篇相关的文章吗？
自己的研究已经做完了，现有的各篇文章跟你的研究
相关不相关、哪一段相关、哪几个词相关，都很容易

判断，根本用不着从头读到尾。这篇文章已经做到了八成，甚至八成五，如果把这个漏洞补上，再论证一下这个个案研究为什么重要，那么这篇文章就没什么弱点了。但是，可能因为学科训练的原因，也可能因为作者的个性问题，或者是因为作者对自己的研究成果缺乏正确的估价，这篇文章最后没在这个期刊发表。我替作者感到遗憾，也替这个期刊感到遗憾。这确实是个非常好的题目，他分析的是一个村支书，是个政治强人。强人政治是中国政治的一个现象，从中央到地方，各个层面都有。他研究的是村一级的政治强人，如果能进一步概念化，就像我们昨天打的那个比方，这个村支书就像我手里的这块手表，而这块手表在一定意义上可以代表所有手表，也就是说，所有的村支书都有强人的影子，因为政治强人是制度安排决定的，再推一步到计时器，也就是说，中国大部分一把手有强人的影子，那么这个问题的重要性就不言而喻了。

　　下面举一个我自己的例子，让大家看一看建立研究问题的重要性有多困难。这是我一篇论文的初审意见。这篇文章算得上是周游列国了，一直到第十个刊物才被接受，这第十个刊物就是《中国季刊》。投稿审稿时间很长，但这是我自己的问题，不是审稿人的要求太高或者标准太苛刻。前面九次有的是评审过，有的是直接拒稿，不审。直接拒稿的原因也很简单，就是主编看了以后觉得这个研究不重要，不值得审。

这个研究是关于差序政府信任的。2010 年秋天，清华大学的张小劲老师和景跃进老师组织了一个会，讨论两个问题。第一，中国政治是不是有特有的现象。第二，如果有，怎样用特有的概念来加以分析。如果我们只是从西方的概念库拿些概念过来不加分析地直接用，实际上就是假定中国政治没特点。如果中国政治有特点，那么西方的概念工具箱一定有不合用的地方。张老师和景老师让与会者思考如果有特殊现象应该用什么样的概念来描述。西方的政治学家可能不接受我们的概念，那没关系，至少我们在分析我们自己国家政治现象时有几个比较合手的工具。我当时说，中国人对不同层级政府的信任好像有个模式，对越高级的政府信任程度越高，对越低级的政府信任程度越低。我把这个现象叫作"差序信任"，我英文不够好，选的英文词很怪，hierarchical trust。一开始欧博文老师不赞成这个说法，说它不通（it doesn't make sense），母语为英语的人看不懂。有意思的是，过了一段时间，他说他能看懂了（now it makes sense to me）。也就是说，如果我仔细解释一下，他能明白，在英语中也能说通。

这个题目在西方政治学的刊物转了一圈，我始终无法建立它的重要性。在美国政治学界，关于政治信任的研究六七十年代比较多，到了 80 年代就很少有人做了，最近 20 年有点复兴，但终究是小打小闹，没什么突破性的成果。这就相当于律诗在唐朝很兴盛，宋朝当然也有人写律诗，但在文学史上，宋诗经常被忽略，宋朝真正著名的是词。到了 21 世纪，我还去讲什么政治信任，西方政治学家可能一看就觉得这个题目不重要。这并不是他们自负。我上课经常打一个比方，我们作为中国人要研究英美文学，要研究莎士比亚，那是自讨苦吃。研究西方的政治哲学也一样。文章早就被人家做绝了，我们几乎不可能做出什么突破性的东西来。

一开始，我试图这样论证这个题目的重要性。大家都同意政治信任很重要，因为它跟认受性（legitimacy）、政治支持（political support）很接近。研究政治信任面临的一个难题是测量，被测量的东西有两面：信任的对象和信任的内容。信任的对象很麻烦，比如信任美国政府，到底是信任总统、国会、司法系统，还是什么？表面看起来是一个对象，其实又分为几个部分。西方关于政治信任的文献在这方面已经做过非常细致的分析了。我说，信任的对象不仅是不同的机构，还可以是不同层级的政治权威。我们做一个最简单的区分，对象分为中央政府和地方政府，信任分为高信任和低信任，这已经可以组合成四种模式。在美国、日本、韩国，民意调查发现普通民众对地方政府，也就是最靠近他们的这级政府的信任程度较高，对离他们较远的政府，比如联邦政府、中央政府的信任程度较低，这被称为距离悖论（paradox of distance）。为什么叫悖论呢？因为正常情况是距离产生美，离得越远你觉得越美、越可信，但实际上离得越远反而越得不到信任。可是中国的情况刚好相反，我们普通老百姓认为中央最可亲，最值得信任。有首歌叫《太阳最红毛主席最亲》，它确实一定程度上反映了老百姓的心态。大家注意，政治信任是个公认重要的题目，但是政治信任的测量已经是次一级的题目，测量又有两个方面，测量的对象又低了一级，我讨论的是个更细致的对不同层级政府的信任模式的测量，这又次了一级。越往深处走意味着题目越小，到最后这个题目就非常小了。

　　当然，虽然这个题目很小，但是不是就一定不重要、就不应该在政治学界引起重视呢？也不是。我觉得那些政治学刊物认为这篇文章不重要，是因为这个所谓的差序政府信任一般出现在西方政治学所说的威权国家里。如果站在正统的政治学角度看，威权国家的政治信任本身能不能研究就要打个问号。我们说到信任时，信任者和被信任者应该是平等的，这是一个非常基本的假定。如果信任者和被信任者不处在平等的地位上，那就谈不上信任。即使退一步承认威权国家的政治信任值得研究，西方的政治学家会想：你的发现不管多么正确、多么有根据、多么有启发，对我们理解美国政治、理解欧洲政治都没什么帮助。所以，我现在回过头来想，这个题目从一开始就注定会被政治学科的刊物认为不重要。

我举这个例子是希望告诉各位，我在学术界混了二十年，最基本的功课仍然做不好。我碰了好几次壁才明白为什么好几个政治学刊物要么不审，要么评审意见非常负面。到了去年夏天，我觉得这篇文章可能真的不行了，因为这么多的刊物都没接受。中国研究领域里比较新的、行内不那么看重的刊物我也投过了，得到的评语还最严厉。两个审稿人的评审意见加在一起才五行，一个写了两行，一个写了三行，一个说看不明白这篇文章到底想说什么，一个说这篇文章不应该投给这个刊物。我想也许要破例了。我跟欧博文老师遵守一个原则，就是绝不浪费写的东西（nothing goes to waste），我们没有任何一篇文章的最终结局是工作论文（working paper）。我这个文章写了很长时间，最早构思是 2010 年，2012 年开始用英文起稿。但我也确实觉得一直讲不明白自己的要点（point）到底是什么。point 这个词很难找到合适的中文对应，翻译为要点、道理都不完全合适。

　　最后是怎么转过弯子的呢？去年七月份我到牛津大学去，住在墨顿学院（Merton College）的对面，从窗口能看到墨顿学院那个尖顶的教堂。当时最明显的感觉就是那个顶特别高，傍晚以后，那个地方几乎不见人，我有时感到很诡异，猜想，这个几百年的教堂里不知有多少鬼魂。就是在这样一个环境里，我反复问自己，我的 point 到底是什么，我到底有没有一个 point。有一天，我忽然开窍了。我关心差序政府信任，其实只是因为有这样一个疑惑。假设我们调研时遇到两个人：张先生和王先生。张先生对各级政府都 100% 地相信，而王先生对中央政府是 100% 地相信，对省政府 80%，对市政府 60%，对县政府 40%，对乡政府

20%。我关心的问题是，这两个人谁更信任中央呢？有的人会觉得我提的这个问题没道理，张先生和王先生不是都回答了 100% 地信中央吗？我觉得不这么简单，因为信不信乡政府、县政府实际上折射了信不信市政府、省政府、中央政府，因为中央任命省、省任命市、市任命县、县任命乡，这里有个所谓委托代理关系。在中国，不信任代理者，可能折射了对委托者的不信任。所以，我真正关心的是怎样准确估计对中央的信任。我原来以为我关心的是差序政府信任，这时终于意识到我真正关心的是如何更准确地测量对中央政府的信任。

一旦转过这个弯子，就好办了，中国民众信不信中央当然是个重要的问题。稿子投到《中国季刊》后，虽然主编口气很冷淡，但我看到第一份评审意见心里就有底了，因为这位审稿人说"无论是在理论层面，还是对我们理解中国，政治信任都是非常重要的题目"。我们昨天讲到《中国季刊》审稿标准里有两个要求：第一，这个问题对当代中国是重要的；第二，对学科是重要的。我看到这份审稿意见的第一句话，就决定修改再投（revise and resubmit）。差序政府信任这个课题的重要性就是这么建立起来的。课题的重要性建立起来，文章就好改了。

我在跟欧博文老师学习的过程中，学到了他的一个习惯，就是把所有的文章、每篇文章的所有重要版本都保留下来。修改一篇文章的时候，如果非常肯定改了以后不可能改回去，那么就直接覆盖旧版本。但如果修改时不太确定到底是改好了还是改坏了，就把文件名改掉，从 1 改成 2，从 2 改成 3，这样，如果哪天发现文章越改越糟，前面的还能找到。大家可以看看，我这个文章经历过多少个版本？最早用英文起稿是 2012 年，当时是为了参加美国中西部政治学年会（Annual Meeting of the Midwest Political Science Association），那时候有 11 个版本。在后来投稿的过程中，关键词一直是差序政府信任（hierarchical trust），我都有很详细的记录，评审意见我也都保留着。等后来转过弯投《中国季刊》，先修改了几稿，送出去的是这个 CQ5，第五稿，最后定稿是第八稿。加在一起有二三十稿了吧。当然这不是最多的，欧博文老师 1996 年发在 *World Politics* 上的那篇文章，最后定稿是第 102 稿。

课题是否重要的两个裁判： 政治顾客
与学术同行

我们判断一个问题是不是重要，非常困难。所谓的重要还是不重要，是主观判断，不是客观现象，是主体之间（inter-subjective）的判断，最重要的主体就是主编，主编认为重要就重要。不过，既然讨论主体之间的判断，就不是一个主体，有些原则性东西可以拿出来讨论，供大家参考。

首先，政治学课题重不重要，最有发言权的是政治家、政治人物、政府。不管是在中国，还是在美国，政治学研究最终的那个顾客（client）都是政府，他们的重视最重要。我们昨天提到，我们系的博士生选题时，我总让他们想一想：论文做完以后，你有机会向领导汇报十分钟，你找哪位常委汇报？所以，重要不重要，最终要看那个最重要的顾客是不是重视。在中国，最终的顾客是单一的；在美国，客户是多元的。至少有两个主顾，因为有两大政党。共和党和民主党都有自己的智库（think tank），也购买其他智库的服务。

政治学课题重不重要，最有发言权的是政治家、政治人物、政府。

46

美国政府也是顾客，国会也是顾客，国会里的专门委员会也是顾客。所以，美国的政治学研究、国际关系研究有很多顾客，顾客都有独立的财源。

除了政治顾客，学术界也是个顾客。课题是否重要，取决于你的同行是否重视。我们后面讲匿名评审制度时还会谈到这一点。在学术市场里，我们每个学者都是生产者。你提出来的想法、你发明的产品是不是重要，不仅仅由政治顾客来判断，还由你的竞争对手判断，也就是其他学者判断。所以，我们要判断一个问题是否重要，一个办法是去看学术刊物发表的相关论文。2006 年，《美国政治科学评论》统计了创刊一百年被引用次数最多的二十篇论文。其中有一篇是 Arthur Miller 写的，他和 Jack Citrin 在 1970 年代初有个著名的辩论。Arthur Miller 写了篇论文，Jack Citrin 可能是审稿人，意见比较尖锐，主编就把他的意见作为评论发表出来了，Arthur Miller 对这个评论还有个回应，这样就形成了一个很健康的辩论。他们辩论的问题是什么呢？Arthur Miller 认为美国公民对政府信任的持续下降最终会导致对美国政治体制的信心下降，Jack Citrin 不同意 Miller 的第一个判断，指出没有足够证据证明美国公民对政府信心的下降，因为哪怕他们相信政府，接受问卷调查时也会说不相信，因为不相信政府是个时髦。他们两位谁对谁错到现在也没有结论。Arthur Miller 这篇文章这么受重视，因为他提出了一个很重要的问题，就是对政府的具体信任会不会影响到对政治体制的抽象信任，如果有影响，因果链条是什么。我前几年发在 *Political Behavior*（《政治行为研究》）的论文就是跟这个辩论挂钩的。两位老先生几十年前的辩论，我到现在还能从中获益，他们提出的问题也仍然被认为是一个重要问题。

当然，一个问题对刊物来说重要还是不重要，也是会变化的。辩证法说，要用发展的眼光看问题。还是以《美国政治科学评论》为例，它是美国政治学学会（American Political Science Association）的会刊。因为是会刊，它的编辑部是流动的，不是固定在某个学校。我在俄亥俄州立大学读博士的时候，编辑部刚好在那里。换到一个新的系很可能就会换一套编辑方针，主编换了，编委会很可能也换。《中国季刊》编辑部一直在伦敦大学，但我们昨天已经提到了，主编过些年换一次，不同的主编有不同的侧重。我可以给大家举一个极端的例子。加州大学伯克利分校有位年轻教授 Peter Lorentzen 是做博弈论的。他和他的学生 Suzanne

Scoggins 写了一篇文章，用博弈论方法分析中国人的权利意识和规则意识。这篇文章几年前投到《中国季刊》，我是审稿人，觉得值得发。但是这篇文章最后被拒了，原因是没有任何经验数据。问题是，博弈论本来就不需要经验数据。我是建议发的，虽然没有经验数据，但提供了一个思考问题的路径。后来文章投到《中国研究》，也没发出来，也是因为没有实证材料。但是，Peter 很有耐心，等《中国季刊》的主编换成现在这位经济学家，编辑方针不同了，他再把稿子投过来，结果就发出来了。这是个奇特的例外，学术刊物一般不允许作者重复投稿。

概括一下，我们判断一个题目重要不重要，大概有两个需要把握的标准：第一，你做的研究对政治学研究的最终顾客是不是重要；第二，你做的研究对跟你一样从事政治学研究的同行是不是重要。当然，这不是说不重要的东西一定发不出来。学术刊物有很多层次，我们昨天提到了，现在中国研究就有十来个刊物。《中国季刊》不要，还可以投其他刊物。我想先提醒各位一句，投稿被拒是常态，千万不要因为投稿被拒了就很沮丧，要不然你的学术生涯会很苦。好刊物录用率可能只有 10%，也就是说 90% 的稿子都是要被

投稿被拒是常态，千万不要因为投稿被拒了就很沮丧，要不然你的学术生涯会很苦。

拒掉的，成为90%当中的一个，不是很正常嘛！所以，投稿的时候，中了应该很高兴，不中也很正常，这样我们就永远立于不败之地。

那么，既然题目不那么重要的文章也可以在正式的学术刊物发表，为什么我们还要选择重要的刊物去投，选择重要的题目来做呢？这就延伸到了下一个问题。发表毕竟仅仅是手段，还有一个目的在后面。选择重要的题目，是因为只有重要的题目才能给你学者身份。不知道大家有没有注意过一个现象，有些学者很有名，但我们不知道他到底是做什么的。原因在于，这些学者研究的东西不重要，他的盛名可能是借来的光。中文里有个词叫"光环效应"，大概是从英文借来的，英文是 halo effect。只有我们研究的题目重要，我们作为一个学者才可能重要。比如，如果我到了个陌生的地方，有人说："李老师，我早就知道你。"我可能会拐弯抹角地问问，他认为我是干什么的。根据他的回答，我就可以判断出我在他心目中的分量。如果他说"你是香港中文大学的教授"，那我就觉得我在他心目中很轻；如果他说"你是做农村研究的"，那我就觉得我在他心中的分量重了很多；如果他说"你是研究农民上访的"，那我就觉得我在他心中真有点分量。

发表毕竟仅仅是手段，还有一个目的在后面。选择重要的题目，是因为只有重要的题目才能给你学者身份。

我完全相信，再过五年、十年，在座的各位年轻人都会成为名家。但是，到那个时候，你们可能还是需要估计一下，你的名到底是实的，还是虚的？如果你选择的研究问题重要，那么你的名可能就是实名。如果你选择的研究问题不重要，那么你成为名家可能仅仅是因为你在中国人民大学这所著名大学任教，人家一听你是中国人民大学的教授就肃然起敬，但这并不意味着你真有本事。

选择重要的题目还有一个最市侩、最世俗的盘算。这是香港中文大学中国研究服务中心的熊景明老师总结出来的。她有次对我说："你的研究在国际学术界算是比较引人注目的，但这并不完全是因为你的研究做得好，而是因为你研究的问题很重要。"也就是说，如果你研究的课题头等重要，那么即使你只完成了二流的研究，也是重要的研究；但如果你研究的课题是次等重要的，那么即使你完成了一流的研究，也不是重要的研究。打个比方，在美国这种高度市场化的医疗环境下面，医生的收入差距巨大，收入最高的是那些给你开胸、开脑的人。他手一抖，你的命就没有了。因为性命攸关，所以就很重要。如果我们要选跟健康有关的职业，是选择营养学、美容学，还是选择给病

> 如果你研究的课题头等重要，那么即使你只完成了二流的研究，也是重要的研究；但如果你研究的课题是次等重要的，那么即使你完成了一流的研究，也不是重要的研究。

人通心血管、做大手术呢？选题就这么重要。我对其他年轻人没办法，但如果我的学生选的题目不重要，我不会让他通过。选不重要的题目是浪费时间，二十多岁可是一生最精华的时间。

这里，我再给各位提个建议，如果一个题目不值得做，那就千万不要去做，千万不要觉得写一篇无关紧要的文章、写一篇应时的文章没什么损失。这个损失可能是巨大的。千万不要觉得，不就是花了一个星期、两个星期写了篇应景文章，不就是花了一个月时间跟几位朋友写了本畅销书嘛！不这么简单。你付出的代价可能绝对不是一个月时间。第一，这一个月可能给你的学术生涯制造一个巨大的负资产，很可能你用很长时间都没办法填满这个大坑。第二，即使我们抛开学术同仁的评价，这一个月的时间也会给你制造一个巨大的诱惑，让你总觉得做那些很容易的事情收效更快。这样的诱惑给你造成的伤害是极大的，是短期内难以恢复的。我这里没有危言耸听的意思，只是提醒大家，有些事情决不能碰，有些诱惑必须拒绝。

有些事情决不能碰，有些诱惑必须拒绝。

怎样找课题： 三个场所与权衡一与多

下面讲个技术问题：去哪里找重要课题？一个成本很低，但效率也很低的办法是跟踪刊物发表的论文。现在可能好一点了，因为有在线出版（online publication），就是一篇文章被接受以后会先放到网站上。虽然这比以前快了很多，但还是不太能帮我们掌握最新的研究趋势。比如，我这篇差序政府信任的文章是2010年开始起草，2012年开始用英语起稿，发表出来是2016年3月了。如果根据发表的论文来判断下一个重要问题是什么，永远都会落在后面。

比较保险的办法是参加会议。很多人参加会议实际上为的是占领阵地。一个题目刚做了一成他就去会上讲，好像在那个题目上放了自己的主权标记，放了个领土界标（territorial claim）。但大家要注意，不能简单跟着人家走。一般来说，如果别人已经讲了，你再去竞争，不容易赢他。虽然他只做了10%，但这开始的10%很难做，就好比我们中文说的"万事开头难"。所以，我们不是要去竞争同一个题目，而是要从中发现

学术界下一个课题。比如，十来年前村委会选举最热
的时候，我觉得村委会选举已经没什么可做的了。我
去开会，发现大家开始讨论选举以后怎么样，我就意
识到下一个题目是选举的影响，我就去做这个题目。

第三个途径是跟踪时事。我再拿我那篇关于政府
信任的文章作例子。这篇文章最初作为研究报告（re-
search report）投到《中国季刊》，跟正规论文（research
article）比，研究报告的篇幅短很多。第一轮评审，两
位审稿人共同的意见是这个题目不能用研究报告来对
付，要写成一篇研究论文。我增加了篇幅以后投过去，
第一审稿人还是不满意。她觉得，虽然我研究的问题
重要，但我对问题的界定仍然没体现出这个问题的重
要性。她认为我应该提到黎安友（Andrew Nathan）教授
的威权韧性（authoritarian resilience），以及现在对社会管
理、合法性的讨论。我其实是有意回避那些问题，做
中国研究的时间越长，越觉得中国很值得研究。这有
点像武林的一个说法："初学三年，打遍天下；再学三
年，寸步难行。"就是说，学武功的人，学了三年觉得
自己可以打遍天下了，再学三年，才知道山外有山，
天外有天。我2004年那篇文章还大言不惭地说中国农
村的政治信任，现在想想我怎么敢这么讲呢！所以，

我现在不太敢碰这些真正重大的问题了，不是胆子小，而是确实觉得自己没有发言权，因为中国实在是一个非常值得研究也非常难以研究的对象。顺便说一句，很多在国外读了博士、在国外任教的研究中国问题的学者不愿意被人家称为中国专家（China scholar），他们更愿意被称为政治学家（political scientist）。我刚好相反，人家说我是政治学家，我觉得自己是南郭先生，人家说我是中国问题专家，我会感到很自豪，因为中国实在是太难理解了。

回到这篇文章上来。这位审稿人就像导师对学生一样，告诉我这篇文章可以改得更好，也很有信心我可以改得更好。她提的这个建议也可以让我的文章更加适合《中国季刊》的定位。各位可能知道，《中国季刊》不仅仅是个严肃的学术刊物，也是个大众刊物。美国很多大中城市的公共图书馆订《中国季刊》。也就是说，这个期刊有两个身份：第一，它面向中国研究学界；第二，它也面向所有对中国有兴趣的人。如果要让那些普通读者（general readership）觉得你的题目重要，那确实应该一开始就让他们有兴趣，跟社会管理、合法性这些问题挂钩。所以，我最后定稿的时候，在开头和结尾各加了一段，提到了习总书记的反腐。这样我就把时事跟我的学术课题挂在一起了。说心里话，这不是我愿意做的。但是，刚才我们也提到了，界定一个题目是否重要，不是由我独立决定，而是受到同行或者说审稿人的影响，还有面向读者这样的考虑。这个时候就得做个折中、妥协，甚至可以说是牺牲。

怎样找重要题目是个技术问题，与此相关的有个规划学术生涯的策略问题。重要的题目很多，我们到底是选一个题目，还是选几个题目呢？我觉得这纯粹是个人的口味（taste）问题和胃口问题。有个著名的比喻是刺猬和狐狸，意思是刺猬只关心一个问题，狐狸关心很多个问题。有的人说刺猬比狐狸高明，有的人说狐狸比刺猬高明。其实刺猬和狐狸一样高明，区别只在你自己的口味，也在于你的胃口。口味不容争辩。比如，你喜欢吃辣，我不敢吃辣，我不能说你吃辣就不高雅，你也不能说我不吃辣就不革命。同样，胃口大小，如鱼饮水，冷暖自知。我胃口很小，口味单一，所以我历来只做一个东西，不是始终研究一个问题，而是在某个时期只研究一个问题。大家看过《红楼梦》，贾宝玉和林黛玉参禅，黛玉用很委婉的方式刺探宝玉这个多情种子到底爱不爱她，宝玉用很委婉的方式回答："任凭弱水三千，我只取一瓢饮。"在选择研

界定一个题目是否重要，不是由我独立决定，而是受到同行或者说审稿人的影响，还有面向读者这样的考虑。

56

究课题上，我是宝玉派，当然是心口如一的真宝玉派，不是见了宝姐姐就忘了林妹妹的假宝玉派。只做一个课题是我的个性决定的，我在各方面的胃口都很小，研究的胃口很小，很挑剔。如果哪位朋友胃口很大，胃纳能力很强，口味很开放多元，当然是巨大的优势，但也会面对选择的苦恼。创造性很强的脑力活动需要高强度的专注。关于一个问题，你能自然地进入高强度的专注，那就代表你对它有兴趣。如果你本来就对很多个问题有兴趣，那你就去跟进多个重要问题，因为这符合你的天性。当然，这里有个前提，就是你的研究能力完全能匹配你的研究兴趣。无论是选择做刺猬，还是选择做狐狸，都可以成功。不过，学术界的现象很矛盾。一方面，好像当狐狸更容易成功。有两位很著名的学者就是典型的狐狸派，都很成功。另一方面，资深学者好像有当狐狸的特权，年轻学者当狐狸可能会遇到问题。研究面太宽，涉及问题太多，发表的东西太多，会让人觉得学风不正，机会主义，捡到筐里就是菜。这样做在二流学校很有市场，因为一些二流学校的领导往往希望凭数量取胜，他们自己水平不高，不能鉴别质量高低，只会数豆子（bean counters），如果想进一流学校，有滥竽充数之嫌的发表记录可能成为致命的短板。

结语： 问题意识与市场意识

我们来总结一下。课题重要不重要是主观判断，但判断的背后有两个相对客观的主体，一个是顾客，一个是同行。大家不要觉得国外的政治学没有顾客。我昨天提到《中国季刊》创刊的背景是冷战，"二战"后中国加入了共产主义阵营，西方阵营需要用各种方式了解中国，其中一个方式就是学术研究。但这不等于说西方那些研究中国的学者是御用学者，因为他们的买家不是单一的，比如不同的政党是不同的买家，国会里不同的委员会又是不同的买家。这种政治市场环境是学术自由的最终保障，学术自由又保障了研究质量，是双赢的局面。在美国、在欧洲研究中国的学者可以完全不理会政府顾客的信号，他们只关心学术圈子，学术同行。在中文里，我们一提到"同行"，马上会有个联想，同行是冤家。同行是不是冤家呢？我觉得应该算欢喜冤家，不是完全敌对的关系。你的文章的课题是否重要，就是同行给你界定的，我刚才举的例子就说明了这一点。关于同行，尤其是同行之间匿名评审，我们后面还会展开讲。

　　对在座各位来说，我今天其实只提了一个建议，就是在给英文刊物投稿时要选择一个重要课题。给中文刊物投稿，判断哪些问题重要、哪些问题不重要，你们比我准确。给英文刊物投稿，你们的判断可能就不如我准，因为我是玩这个游戏的。泛泛提建议没用，我希望各位能在选题时兼顾两种意识，一是问题意识，二是市场意识。首先是问题意识。我们如果想从西方的学术传统来研究中国的政治、经济、社会，就必须采取批判的视角。批判的视角不是简单挑毛病，而是关注有重大问题、有重大不足的地方。这一点很容易引起误会。有学者曾经问：为什么《中国季刊》、《中国研究》这些期刊一贯讲中国的负面？中国取得了很多成就，为什么不讲呢？这样问，说明他并不真正懂得西方的学术传统。西方的社会科学，不管是社会学、人口学、经济学还是政治学，都有两个基点：一个基点是实证传统，就是我们中国人民大学门口那块大石头上面刻的"实事求是"。不管是给《中国季刊》还是《美国政治科学评论》投稿，如果写的东西不扎实，没有事实依据，那就没有任何机会发表。还有一个基

> 批判的视角不是简单挑毛病，而是关注有重大问题、有重大不足的地方。

点是批判传统。也就是说，知识分子不是从某个政权、某个政治势力、某个政党、某个阶层、某个利益群体的角度看问题，他的目标只有一个，指出这个社会的隐患在哪里。所以，不光是《中国季刊》、《中国研究》上的文章是批判性的，所有的学术刊物都是批判性的。《美国政治科学评论》里讲美国政治的文章也是批判的，*International Organization*（《国际组织》）讲西方外交政策的文章也是批判的。

在社会科学的传统里，批判意识实际上是健康意识。社会科学研究很像医学，它不是强调这个人有多健康，而是告诉你这个人病在什么地方，有什么健康隐患。如果人类根本不生病，就不会有医学。同样，如果人类的政治、经济、社会根本不发生灾难，就不会有政治学、经济学、社会学。中国过去三十年翻天覆地的变化是没人可以否认的。但如果研究中国只侧重这些成就，那就相当于一个医生只说你如何如何健康一样，不关心你的健康问题和健康隐患，这是失职。所以，问题意识实际上是一种负责任的批判意识。打个比方，这个瓶子里有三分之二的水，作为学者，我不会去解释为什么这里面有三分之二的水，我永远都是问为什么它不是满的，它可不可以是满的，怎样才

问题意识实际上是一种负责任的批判意识。

能让它变满？这就是社会科学的问题意识。只有去分析已经发生的危险和潜在的风险，才是保持长久健康之道，才能保证万一出现危机有应对的办法。哪个人不关心自己的健康呢？哪个国家、哪个民族不关心自己的健康呢？哪个政权不关心自己的健康呢？健康意识就是危机意识。天文学家每天在那里看小行星干什么？就是怕哪天哪个小行星突然灵机一动，或者说恶念一起，直奔地球来了。那个时候再做研究还来得及吗？来不及了。

所谓 SSCI 刊物的背后就是这种实证的、批判的学术传统，是我们面向西方学术界时必须遵守的行规。SSCI 现在被神秘化了，我们这里不妨补充一点知识。SSCI 是 Social Sciences Citation Index（社会科学引证索引）的缩写，本来是个研究工具。在电脑没普及以前，学者做文献检索很困难。SSCI 是个商业机构弄出来的，就是把相关的期刊做个索引。比如说，中国研究里有位很有名的学者叫崔大伟（David Zweig）。他写了本书，我们想知道其他学者对这本书的评价，SSCI 就提供了一个工具，让我们能按图索骥去找哪些人在文章里引用了这本书。现在，国内学术界好像把 SSCI 变成了一个以影响因子（impact factor）为核心的评价指标。影响因子是怎么计算的呢？我们假设有个刊物一年出四期，每期五篇文章，一共二十篇文章。假设在出刊的第二年这个领域相关刊物上有四十篇论文引用了这二十篇文章，那么这个刊物的年度影响因子就是2。我们有时很自豪地说《中国季刊》的影响因子接近1，这样的数据在自然科学那里是笑话。有一年，政治学里影响因子最高的是 *Political Analysis*（《政治分析》）也只有4点几，《美国政治科学评论》也就是3点几4点几。在自然科学里，影响因子这么低的都是垃圾刊物。像 *Nature*（《自然》）和 *Science*（《科学》）的影响因子超过30。自然科学的刊物文章短，出刊快，同类刊物多，引用自然就多，影响因子自然就高。所以，影响因子高低在很大程度上是不同的学术市场决定的。如果我们只强调刊物的影响因子，不强调它在学术界的实际声誉，那么刊物很容易捣鬼，影响因子的计算有很大的操作空间。我觉得现在对 SSCI 的强调纯粹是迷信。衡量年轻老师的时候，不是要去看他的文章是不是发在 SSCI 刊物上，而是要看他的文章是不是发在严格的同行评审（refereed journal）的刊物上。是，就承认；不是，就不承认。

除了问题意识，选题还要有市场意识，这是第二

衡量年轻老师的时候，不是要去看他的文章是不是发在 SSCI 刊物上，而是要看他的文章是不是发在严格的同行评审的刊物上。是，就承认；不是，就不承认。

个要点。学术界不光是只有你自己在修炼，我们选择课题时要看看别人是否在做，有没有人做得比你强。我在系里给研究生上方法课时经常强调一点：既然来了香港，就要充分利用香港的比较优势来培养自己的强项，你要有可用之处人家才会用你。这里的有用没用、强项弱项用什么来衡量呢？就是市场因素。这是很现实的考虑。在解决了值不值得做以后，可能需要考虑两方面的因素，一是自己的知识准备，二是自己的资源优势。我研究农民就有比较优势。我的亲戚、朋友都是农民，我跟他们聊天就能学到很多东西。如果我拿着学校的介绍信去河北农村做访谈，人家可能根本不搭理我。你要研究工人，可是你家里一个工人也没有，你的亲戚朋友同学也没当工人的，你很难接触工人，那你就没有研究工人的资源优势。所以，我们每个人都要全面评估一下自己的资源，选择自己有比较优势的题目，这样的题目才有可能做好。

我们在选题的时候，不仅要选择值得做、能够做、能做好的题目，而且要选能做到最好的题目。

选了值得研究的重要课题，也有做好课题的比较优势，下面是最重要的问题，就是能不能做到最好。今年 9 月 20 日，我回南开大学给我的老师车铭洲教授祝寿。在祝寿会上，车老师还给我们讲了一课。79 周岁的老人，脑筋之灵敏，口齿之清楚，评论之智慧，我们这些晚辈真是望尘莫及。车老师用八个字总结自己的一生，叫"走一条路，做一件事"。我后来跟我的同门讲，我们可以给车老师这个自我评价补充四个字，"做到极致"。我们在选题的时候，不仅要选择值得做、能够做、能做好的题目，而且要选能做到最好的题目。

第三讲
研究是原创

引言： 一个中心， 两个基本点

这个课程一共六天，今天是第三天。我们从今天开始像进入了深水区，很多东西就不容易说清楚了。今天、明天、后天的内容可能会让大家觉得不知道我在说什么。如果我知道我在说什么，你们可以听明白。你们听不明白，可以断定我也不知道我在说什么，研究本来就是个说不清楚的过程。打个比方，我们都会走路、都会骑自行车，但是没有一个人能说清楚我们是怎样学会走路、怎么学会骑自行车的。研究是个创造过程，创造过程不可能井井有条。犹太教的创世，中国的创世，都指出创世是从混沌开始。今天要举些例子，是我经历过的，但经历没办法传达。每一代人

研究是个创造过程，创造过程不可能井井有条。

都经历一个相似的过程，年轻时不听中年人、老年人的建议，自己到了中年、老年，又努力想跟青年人讲人生经验。每一代人都重复着这样一个过程，就是因为经历没办法传达。

我第一天讲的是审稿标准。审稿标准里第一个，也是最重要的，就是文章要讨论一个重要课题。第二个标准是文章要有原创性。第三个是要写得清楚，一方面，逻辑上是个自洽的系统，不能自相矛盾，另一方面，表达要清楚、易懂、明白，不能笨拙、晦涩、难懂。昨天第二讲我们重点谈了一下到底什么样的课题重要。归根结底就是两个标准，第一，它的现实意义是不是重要，这主要靠潜在的顾客，也就是政府、政治家来评价，第二，它的学术意义是不是重要，这主要靠同行、审稿人来评价。我们今天讲研究的原创性。

衡量研究是否原创，其实就看一句话，就是你能不能很自豪、很自信地说："这是我的东西。"说这句话看起来很简单，实际上很难。这样说，意味着你是全世界第一个想到这个问题、观察到这个现象的人。所谓原创研究，难就难在这个地方，不是说对你来讲是新的就是新的了。我在南开大学读哲学的时候，有

衡量研究是否原创，其实就看一句话，就是你能不能很自豪、很自信地说："这是我的东西。"

位师兄说他最关心一个观点是不是他自己想出来的，只要是他自己想出来的，他就很高兴，不在乎别人是不是已经说过了相同的观点。这是很有效的学习工具，但作为研究者，这是不够的。我们可以把他这种心态当成是从学生到学者的过渡阶段。学生和学者的区别在于，学生是知识的消费者，学者是知识的生产者。但这个生产者不是一般意义上的生产者。如果拿手机打比方，苹果做手机、三星做手机、小米做手机、华为做手机，我们也可以做手机，但这不是知识生产者。知识的生产者是在别人没生产手机的时候，你第一个想到了做手机，在别人生产传统手机的时候，你第一个想到了做智能手机。也就是说，知识生产者生产的是最新、最领先的东西，而且严格来说是世界上独一份的。

我们做研究的目标就是要做出其他人没做过的东西。这又包括两个过程：第一步是你要想出自己从来没听说过、没想到过的东西，也就是要突破自己；第二步是你要确认你这个想法、这个观察其他的人没做过。这其实就是研究的全部过程。前面的过程可以算是原创，后面的是学问。原创实际上又有两个东西，我在其他一些场合也讲过。我们借用邓小平的话，说

学生是知识的消费者，学者是知识的生产者。但这个生产者不是一般意义上的生产者。

研究有一个中心、两个基本点。这个中心就是新。研究就是创造新知识、新见解、新概念、新理论。两个基本点，一个是经验事实或者说实证材料，另一个是概念分析和理论建设。学问呢，就是说你想出来了以后，要去确认，或者说证明，这个东西确实是新的、新在哪里。我们前两天提到的那位作者虽然做了非常好的实地调研，但是没做"学问"这一步，所以一篇很好的文章就没有得到机会在好刊物上发表。下面先来看原创的两个基本点。

基本点之一： 经验事实

我在这里举一个自己的例子。我是 1990 年到美国读政治学的，之前在南开大学读哲学，也教过哲学。去美国以后，上了三年课，就开始写博士论文了。开题时，我设计的是个关于村民委员会选举的题目。我当时觉得自己想得很周全，比如说选举是怎样进行的，在什么样的村子里选举会比较公平、公开，在什么样的村子里可能差一点。1993 年我回老家调研，回去以后才知道我们那里根本就没有选举。我只好到有选举的地方去。当时河北赵县有个村的村民代表会制度很成功，我去了；之后我又去了正定，因为当时正定南楼村的村民代表会制度也比较有名。去了之后当然有收获，所以我后来也做了点村委会选举的研究。举个例子，在正定县的凌透村，我听到一句话，我后来做研究时当标本用。凌透村的村主任说，他们这些村干部要当官靠的是"地线"，乡里的干部要当官靠的是"天线"。如果他们这些村干部想当官，老百姓不投他们的票，那他们这个官就当不成。这是非常朴素的话。我当时没做笔记，也没录音，但是二十多年后的今天，他当时说这话的神情、他的语气都记得很清楚。

当时我在农村跑的时候，还注意到另外一个现象，就是农民上访，尤其是集体上访。我们知道1963年有个"四清"运动，正式名称也叫社会主义教育运动，"四清"最后变成了群众性的政治运动。90年代初农村搞的这个新社教运动引发了一次农民上访高潮。农民上访告状主要针对村干部，特别是村支书，有的告他们贪污，有的说他们没能力治理村子。

我回到美国以后，跟欧博文老师汇报了农村选举和上访告状的情况。他对上访很感兴趣。我当时也不知道怎么把上访翻译成英文。查《汉英字典》，知道叫 lodging complaints，就是我们现在讲的投诉，就是你对某件事情不满，把这个不满向某个部门登记、表达。我当时跟欧博文老师说，这不是简单的投诉，农民针对书记或村主任上访告状实际上是件了不得的大事。农村是一个非常讲究面子的社会，农民世世代代住在一起，很难迁徙，农民之间是不能轻易撕破脸的，一旦结了冤仇会一代代传下去，这个成本非常高。所以，在农村社会里，大家会尽最大努力保持和谐，不撕破面子。而且，在中国文化里，一旦涉及告官，就感觉是势不两立的关系了。那么上访告状究竟是怎么回事，我觉得可能有些东西在里头。

欧博文老师注意到，当时还没人系统研究过农民上访。90 年代也有人研究中国农村，但主要集中在两个问题上。一个是人民公社时期粮食的分配，最有名的就是戴慕珍（Jean Oi）老师的 *State and Peasant in Contemporary China: The Political Economy of Village Government*（《当代中国的国家与农民：村政府的政治经济学》）。也有些学者研究农民在政治运动中激进的那一面。比较重要的成果是现在在香港科技大学的崔大伟老师写的 *Agrarian Radicalism in China*（《中国的农村激进主义》），还有一些学者研究"四清"、土改时候的农村政治。另外有一些学者是做人类学的，他们关心 1949 年以后村一级政治权力的运作。比如傅礼门（Edward Friedman）和合作者写的 *Chinese Village, Socialist State*（《中国的村庄与社会主义国家》），写的是河北的五公村，就是耿长锁那个村子。他们去过这个村子十几次，每次都逗留不短的时间，做得非常扎实，主要讲村里的各个头面人物之间是什么样的关系。还有一本书叫 *Chen Village*（《陈村》），作者是陈佩华（Anita Chan）、赵文词（Richard Madsen）和安戈，主要靠在香港访问七八十年代从广东偷渡过去的一些人。有个村子可能因为离香港比较近，跑过去的人特别多。他们根据这些访谈，深入分析以后组合出一个陈村的故事。我列举这些研究，是想说明一点，一个课题的重要性和新颖性，在学术界已经有些经历的人比较容易判断。如果不知道我刚才说的这些研究，就没法判断农民上访是不是个新的现象。

　　欧博文老师确定了上访对西方的中国研究来说是个新课题。我更关心的是，这个问题的现实重要性是什么呢？我当时比较关心黄炎培先生提出的"历史周期律"问题，关心这个问题就会思考中国历史上的农民暴动。我们分析中国农民的政治行动、政治行为时往往会陷入两分法，认为农民要么逆来顺受，要么揭竿而起，好像缺乏一个中间状态，农民好像没给当权者预警，告诉当权者他们很不满意，对当权者发声。大家都知道 Albert Hirschman（艾伯特·赫希曼）有本名著叫 *Exit, Voice, and Loyalty*（《退出、呼吁与忠诚》），一个人在一个组织里无非三种选择，一是效忠，二是脱离，三是发声，就是表达自己的不满。如果农民只在逆来顺受和揭竿而起两个极端跳跃，那就要么听不到他发声，等听到他发声就太晚了。当时民政部有位官员跟我说，研究农民、研究农村要注意这个现象，要在农民没采取极端行动之前，想办法知道他们的心声，上访就是发声。

我当时知道一个非常详细的上访故事。为什么能知道这么详细呢？这跟昨天说的比较优势有关。这个事情就发生在我们村，而且我家里就有人积极参与。我有两个哥哥，一个哥哥坚决反对上访，一个哥哥积极参与、深度参与。所以这两方面的情况我都了解。这个村子里其他参与的人，以及那个被上访的支书，我也都认识，我还到支书家里去跟他聊了这个事情。

我调研结束回到学校，跟欧博文老师讲我的见闻。

我们去观察周围的事情，观察我们的国家、我们的政治、我们的政府、我们的社会、我们的经济生活的时候，很容易把很多东西视为理所当然的。

他问我上访是怎么开始的，我就告诉他怎么开始的。然后他问，后边是怎么回事，为什么这个人这样，为什么那个人那样，为什么他们采取了这个行动，不采取那个行动。这些问题我都有答案，但是我提不出来这些问题。后面会讲到，写文章时一定要有读者意识，这也是我们最难过的一关。我们去观察周围的事情，观察我们的国家、我们的政治、我们的政府、我们的社会、我们的经济生活的时候，很容易把很多东西视为理所当然的，用英文讲就是 take it for granted。而欧博文老师问这些问题的时候，根据的是他对中国研究现有文献的了解，以及他作为一个美国政治学者对政治的了解。也就是说，他是根据他在美国的生活经验中获得的对政治过程、政治权利、政治权力运作的了解，来看中国政治的。他问，我答，可是有时候我说了半天他也听不懂，这不完全是因为我英文不好。我1990年离开南开大学时在学校有一点小小的名气，就是因为我英语比较好。我可以给大家举个例子。当年韩素音女士到南开大学开讲座，外语系的老师没人愿意当翻译，主要是听说老太太对翻译很挑剔，最后课堂翻译是我做的。后来听说韩女士对母国光校长赞扬我翻译得不错。所以，我觉得以我1990年的英语水

平，如果一个事情我明白，我是可以讲清楚的，对方
也应该听明白。如果我讲不清楚，或者说我自认为讲
清楚了，但对方就是听不懂，那一定是有点很奇特的
地方。这个奇特的地方，就是我们今天讲的新东西。

欧博文老师和我这个一问一答的过程，最后成果
就是我们1995年发表在《中国季刊》上的那篇文章。
现在看这篇文章，你可能会觉得：这也算学术？这也
叫学术研究？这个质疑是完全正当的。我可以很坦率
地告诉各位，这篇文章如果是现在写出来，在任何一
个英文刊物里都没机会发表。所以说，我们现在讲的
"新"，就体现在你是第一个。那怎么才能知道自己是
第一个呢？首先，你要了解一个新的情况，其次，你
要确认这个情况是别人没说过的。这就是研究的过程。
但对当时的我来讲，这是个不自觉的过程。我现在告
诉各位这个过程，是希望你们在脑子里有个印象，知
道原来这就是研究。

研究的这个基本点，用中山大学马骏老师的话说，
就是学者手里的那团泥巴。我小时候最喜欢的玩具之
一是胶泥，就是红土。从地里挖出来的胶泥是一瓣一
瓣的，下雨后有黏度，干了以后非常硬。杨绛先生在
《干校六记》里说，河南息县的泥土有个特点，叫作

"雨天一包脓，晴天一片铜"。这就是胶泥的特点，一下雨就松散了，一团烂泥，陷进去拔不出来，但是天晴以后，干了以后，胶泥又变得非常硬，跟铜一样，敲都敲不动。这团泥你从地里挖出来以后还不是你的，要把它变成属于你的、可以玩的泥，还得去摔。摔胶泥很有技术，摔的时候要兑水，摔的力度要合适，时间要够长。那摔到什么程度算是摔好了呢？用我那些小伙伴的行话说，摔好了就是摔熟了。胶泥的生熟是个变量，所有变量都可以测量，怎么测量是否摔熟了呢？就是揪一根头发，用头发从泥上割下很小一块儿，看这一小块儿泥能不能挂在头发上。割不下来就是太硬了，挂不住就是太软了。不软不硬正好能割下来挂在头发上，就是摔熟了。

马骏老师这个比方打得非常好。在座的各位都是独立的学者了，那么你们手里有没有一团属于自己的泥巴呢？所谓自己的泥巴，就是说这团泥是你自己摔出来的，你给其他人玩，他们也玩不好，只有你自己知道怎么去玩。而且，如果你能把这团泥讲清楚，某个研究领域你就是最先到达的人了。欧博文老师和我1995年发在《中国季刊》的那篇文章就是一团泥，只不过这团泥是我们两个人把它摔熟了、摔好了。

所谓自己的泥巴，就是说这团泥是你自己摔出来的，你给其他人玩，他们也玩不好，只有你自己知道怎么去玩。

基本点之二： 概念分析

我说把这团泥摔熟了，意思就是我们把故事的来龙去脉基本讲清了。事情是怎样开始的？书记究竟做了什么不得人心的事？那些对他不利的证据是怎么被别人掌握的？怎样泄露出去的？镇政府的第一反应是什么？不同农民的反应是什么？这个过程我们基本上搞清楚了。但是，从学术的角度来分析，这个现象究竟是什么？我们究竟能把这团泥做成什么？这就是第二步，就是说，要提出一个新的概念来描述这个现象。我和欧博文老师的第二篇论文，1996 年发在 *Modern China*（《近代中国》）上的那篇，做的就是这个工作。

我们还是拿泥打比方。我小时候跟伙伴们玩泥，有两个玩法。一个是使用泥刻子，这是南方的说法，我老家沧县话叫"模儿"，就是模具的意思。模儿是个圆圆的、扁扁的东西，也是胶泥做的，不过烧成了砖。它有一个凹面的图像，是个刻子。揪一块儿泥，团好，压平，弄成个包子皮儿似的一片儿，小心扣在模儿上，适度用力压实，轻轻揭开，就得到一个带凸面图案的产品，我们也叫模儿。如果大家在北方农村长大，肯定记得春节的时候家里会做很多带花的面食，做出这些花纹来是要用模具的。这个玩法，我们有现成的模具，然后用这个模子做出一个产品。把这个过程放到学术研究这个语境，就是我们看到了一个现象，然后用现有的概念体系、现有的理论体系来分析它。这是新的研究，也有技术成分，比如说，你是否选对概念，应用是否恰当，分析是否严密，都影响你的研究成果的质量。

另一种更有创造性的玩法就是做雕塑，做一个没有现成模具的东西。比如说我们要用手里这团泥雕塑出一匹马，这匹马不在这团泥里，那么这匹马是哪里来的？是靠我们的手做出来的，但首先是我们的大脑创造出来的。换个比方，我们好比是做动物学研究的，我们看到了一只熊猫。最早发现熊猫的是个法国传教士。为什么这个传教士能在四川雅安发现熊猫，而在那里世世代代居住的雅安人民发现不了熊猫呢？对雅安人民来说，熊猫就是一种常见的动物，那个法国传教士是有动物学训练的，他掌握了动物分类的概念框架。所以当他看到熊猫，就知道机会来了，他看到了一个在欧洲动物学分类里没有的东西。

　　如果我们做研究时有足够好的运气，在政治现象、社会现象、经济现象里看到了一只大熊猫，那下面的功夫就是准确界定这个现象。我和欧博文老师在九四、九五年观察到了农民集体上访这个现象，我们是不是可以用现有的概念来分析它呢？我最先想到的概念是政治参与（political participation），但农民上访肯定不是参与，因为政治参与讲的是制度化的东西，比如说去开会、去投票。参与的对面是抵抗（resistance）。上访告状是不是抵抗呢？也不是。英文里的 resistance 是一个两元对立的概念，比如翻译抗日战争的那个"抗"，就是 resistance。欧博文老师知道社会学里有个社会运动理论。那么能不能把上访告状称为社会运动呢？也不行。因为社会运动有几个标志性的东西，上访告状都不具备。顺便提一下，欧博文老师和我的研究现在被归到了抗争政治（contentious politics）这个类别里。可能我是国内最早翻译 contentious politics 这个词的人之一。于建嵘老师问我这个词怎么翻译比较好，我说先翻译成"抗争政治"吧。后来裴宜理老师说把 contentious politics 翻译成"抗争政治"是误导，很对，因为 contentious 确实没有你死我活的意思，但"抗争"在中文里有零和游戏的意味。

如果我们做研究时有足够好的运气，在政治现象、社会现象、经济现象里看到了一只大熊猫，那下面的功夫就是准确界定这个现象。

我讲这些事情，是想说明一个事实，1995年欧博文老师和我开始分析农民上访的时候，我们并不熟悉社会运动的文献，Charles Tilly他们做的抗争政治研究我们刚开始学习。我们唯一比较清楚的相关研究就是James Scott的东西。欧博文老师是耶鲁大学的博士，在James Scott家里帮过忙。James Scott说耶鲁大学给他的工资太低了，不够他过日子，必须靠养羊捞点外快。当牧羊人可不是小事，有很多体力活。欧博文老师读书时就到他家去帮过忙，帮他清理羊粪，知道James Scott的研究里有一个概念叫日常形式的抵抗（everyday forms of resistance）。那能不能用这个概念呢？不合适。根据James Scott的定义，日常形式的抵抗有下面几个特点：第一，日常形式的抵抗基本上都是个人在做，但中国农民的上访在20世纪90年代主要是集体上访；第二，日常形式的抵抗多数情况下是暗中做的、悄悄的，但上访告状是公开的、大张旗鼓的，把事情搞得越大越好。农民集体上访往往非常有戏剧性。比如说，在村里找几辆拖拉机，开起来声音很响。每辆拖拉机后面有个后斗，上面坐上若干人，敲锣打鼓，一路喊口号，浩浩荡荡地就开往县政府了。这样的农民集体上访跟日常形式的抵抗挂不上任何钩。另外，日常形式的抵抗背后的诉求是道义经济（moral economy），这是 James Scott 提出的另一个概念，就是说，经济生产不是为了利润最大化，而是有伦理、有道德考量，就是要让大家都能活下来。农民上访告状显然也不是因为道义经济受到了破坏。

所以，当时我和欧博文老师在分析农民集体上访是什么政治现象时很费心思。它不是参与，不是抗争，不是日常形式的抵抗，也不是公民抗命（civil disobedience）。我记得当时我跟社会学系的一个博士生讲到这个现象，他的第一反应是：这不就是日常形式的抵抗吗？我跟他解释为什么不是。他说这不就是公民抗命吗？我说也不是。所谓公民抗命是这个意思，我认为这个法律不成立、是恶法，我就不遵守，你可以把我投到牢里去，但是我仍然不认同你、不认同这个法律。农民上访告状显然也不是这样的。因为农民在论证自己诉求合理合法时，最有力的武器就是党的政策、国家的法律。当时农村出现了一些法律专业户、政策专业户。这些人专门到新华书店买那些已经公布的法律文本和政策解释，他们也自己订报看。这样，他们可以根据自己了解的法律知识监督村干部的一举一动。发现不对的地方就在门后面记下来。这些，跟日常形式的抵抗、跟公民抗命都是对不上号的。

我那段时间感到很困惑，也觉得自己很笨，明明看到了一个东西，就是不知道它是什么，就是说不明白。可能在座的各位也有这样的体会。上访无疑是一种带有对抗性的行动，我们刚才已经讲到了，农民之间撕破脸就是大事了，当农民针对书记、针对村主任上访告状时，肯定有抵抗的成分。但又不是全面的抵抗。这跟农村里所谓的钉子户是不一样的。钉子户就是谁的话都不听，谁也不放在眼里。当时农村刚实行联产承包责任制，有句口号叫作"交足国家的，留足集体的，剩下都是自己的"。钉子户在税费的问题上采取的是另一种态度，就是"顶住国家的，扛住集体的，都是自己的"。我们所观察到的情况，既不是前者，也不是后者。

我们观察到的是什么呢？20 世纪 90 年代在河北很多地方，农村工作有"三大难"。第一是计划生育，第二是收费收税，第三是殡葬改革。那时候农村干群关系很紧张，有的干部说他们天天被老百姓指着脊梁骨骂，说他们要钱、要粮、要命，是"三要干部"。还有更形象的说法，叫作"刮孩子"、"要票子"、"烧老子"。当时农民上访告状，针对的主要是这些事情。他们针对的不是皇粮，而是农村的费。农民有个根深蒂固的概念叫作"皇粮"。就是说，普天之下莫非王土，土地是皇帝的，农民种的是皇帝的地，皇帝要粮当然得给。农民自己就讲，皇粮国税不可抗拒。他们反抗的是农村的费，农村的费也不是一概反对，他要知道凭什么要交这个钱，这个钱用在了什么地方。有一天我忽然想到，上访农民是在使用法律、用政策维护自己的权益，在中国的语境里，法律也好、政策也好，都叫"法"。农民上访告状的主要诉求就是：只要是国家的法律、政策要求的，那么我就服从；但如果是地方官制定的土政策，那就要讲清楚，如果我认同，那我就听，如果讲不清楚，不符合国家的法律、中央的政策，我就不听。我觉得这就是农民集体上访的本质。

那么怎样称呼这个现象呢？我想到大学学党史的时候，老师提到过第二次国共合作期间周恩来在重庆的斗争策略叫做"合法斗争"。就是说斗而不破，虽然跟执政的国民党有对抗的一面，但具体的行动都是根据当时中华民国的法律来做。那么农民的这种做法是不是合法斗争呢？我觉得很像。所以我就把这个想法写成了一个简单的汇报给欧博文老师。我说也许可以把集体上访叫作 legal struggle，或者叫作 legal resistance。一方面，它确实有对抗性，因为农民面对村干部，以及保护村干部的乡政府、县政府的时候，是不妥协的姿态。另一方面，农民的对抗是有根据的、有根基的、有底气的。这个底气建立在他们对政策和法律的认同上，建立在对制定政策和法律的中央政府的认同上。不是简单的认同，是真的很有信心，否则上访就是另一个现象了。

我说我们能不能把这个现象叫作 legal struggle 或者 legal resistance？我到现在都还记得当时欧博文老师的反应。我去找他，他不在办公室，我把报告放在他办公桌上就回家了。他看了以后给我打电话，我不在家，他留了言。我现在都记得他当时留言那个声音，非常兴奋，"这是一个突破（This is a breakthrough）"，最后他说 bravo！他很兴奋，是因为我们不光看到了一只大熊猫，而且我们已经接近于界定这只大熊猫到底属于哪个种哪个科，或者说处于哪两个种之间了。也就是说，我们不光有了一团泥，还发现了属于这团泥的形象。如果我拔高自己，我可以说这是个概念化过程，听起来很玄乎。其实没什么，无非是当时想不出一个词来，挖空心思琢磨，很难说清到底是怎么想出来的。最有意思的是，我自己想通了，再读收集到的中文资料，发现民政部汤晋苏、王建军两位先生在一篇报告中引用了农民一句话："你们不听中央的，我们就不听你们的。"他们引述的湖北省钟祥县县委书记王宗儒先生一篇调查报告。王书记把这种现象叫作"以法抗法"，意思是用中央的大法抗地方的小法，用法律和政策对抗"土政策"。我没想明白之前，看过汤晋苏、王建军两位的报告，觉得这段话很有趣。我自己想明白后，再读他们文章时发现这段话跟我的想法很相似，应该是受了它启发，但是我在思考时没明确意识到这段话，至少我不记得受到了这段话启发。这是个有趣的心理现象。我能记得这个细节，原因是我再读汤王二位的文章，看到王书记这个分析，觉得自己真笨。我辛辛苦苦找的答案，王书记早就提供了。我看的时候没恍然大悟，好容易想明白了才看懂他的分析。

但是，一开始的兴奋过了以后，下面的事情就更困难了。这有点像钻一个很长的山洞，钻的过程中不知道那边有没有出口，不知道能不能走得通，反正就是一直往前走，很长时间都是在黑暗中。邓小平说："没有毛主席，至少我们中国人民还要在黑暗中摸索更长的时间。"毛主席高瞻远瞩，老早就告诉我们，那边是可以走出来的。当然，前途是光明的，道路是曲折的。欧博文老师打电话给我的时候，可能是他觉得我们终于看到亮光了，前面有出口了。但是要爬出去仍然很困难。真去分析这个概念，立刻就出现了很多问题。比如用 legal 还是 lawful，在中文里这两个词都是"合法"的意思，但在英文里不是一回事：legal 是非常严格的、非常狭义的概念，一定要跟法庭有关系；lawful 没那么严格。那到底是用 legal 还是 lawful 呢？在中文语境下面，反正都是"合法斗争"，不需要细究，但是在英文里就不行。而且，不管是用 legal 还是 lawful，都假定这是一个高度程序化的过程。可是农民集体上访往往是不在乎程序的，上访的重要策略就是"哪壶不开提哪壶"，也就是说，上级政府最怕什么，上访者就做什么。我们刚才已经讲到了，农民会开一队拖拉机、敲锣打鼓、喊着口号。现实当中可不是这么简单。比如，他们的路线都是有选择的，一定要走闹市，哪里人多就到哪里去，就是要造成众人围观、交通堵塞的效果。到了县政府以后呢，也不是就到此为止了，一定把大门堵上。而且集体上访的人排列队伍时，队形是有讲究的，妇女、儿童、老人往往在第一排，在最外围。再比如，去的时间长了总得要吃饭睡觉吧，所以把铺盖、炊具、粮食都带齐，驻扎在县政府门口，意思是不解决问题就不走。这些都跟所谓的法律行动（legal action）不搭界。后来欧博文老师指出，我说的"法"，与英语的 law 不是一个概念，很多时候指的是政策，可以把集体上访叫作以政策为依据的抗争（policy-based resistance）。后面我会讲到，做定性研究对语言的要求很高，否则很难做出学术界认可的东西。欧老师利用了汉语和英语共有的模糊性，把这个现象称为以政策为依据的抗争。这是一个自相矛盾的说法。如果是抗争，怎么可能以政策为依据呢？如果是以政策为依据的，怎么可能是抗争呢？这个词就成为我们两个人学术合作的核心观点，也是我博士论文的核心观点。

　　说了半天，要点是什么呢？就是个提醒：定性研究首先是要看到一只大熊猫，这只大熊猫是世界上独一无二的。我们当年看到的就是上访告状。下一步，我们把这个事情叫作以政策为依据的抗争。做概念界定的时候，要区分什么是参与，什么是抵抗，以及这个中间的灰色地带，这个所谓非鸟非鱼（neither fish nor fowl）的东西究竟是什么。我和欧博文老师 1996 年写的文章就开始进行类型分析。当然这个是以我为主做的，因为新说法是我先提出来的，而且我准备把它作为博

定性研究首先是要看到一只大熊猫，这只大熊猫是世界上独一无二的。

士论文的题目。另外，我们一讲到类型学（typology），就会想到韦伯（Max Weber）的理想类型（ideal type）。这个时候我的哲学训练起了点作用。我跟欧博文老师说，理想类型是做类型分析的一个办法，就是从理想制度设计的角度来分析类型，类似于演绎；但做经验研究时还有经验类型（empirical type），就是我们看到了某个事情，并把它总结成一个类型，类似于归纳。经验类型不必是完美的，逻辑上不必涵盖一切现象，但它可以提供一个考虑问题的角度。

这是给上访告状尤其是集体上访命名的过程，结果就是 1996 年在《近代中国》发表的文章。文章投出后，好几个月没消息，欧博文老师就给主编写信，很快就收到了回信。主编告诉我们，一位审稿人已经完成了评审，另一位审稿人一直没回信，但是收到的这份评审意见非常正面，所以他决定接受这篇文章。在这篇文章里，我们提出中国农村有三类农民。一类是"顺民"。比如我有个高中老同学对村干部有很多抱怨。我问他为什么不去找上级反映呢？他说：关我什么事？另一类是"钉子户"，就是我们刚才说的那种"顶住国家的、扛住集体的、全是自己的"的人。还有一类叫作"刁民"。"刁民"这个词我当时查过字典，当时的

《新华字典》、《辞海》、《辞源》里都没收录这个词。但"刁民"是汉语里一个活的词汇。在戏剧里，县官大人会惊堂木一拍，说"大胆刁民"如何如何。这里的"大胆刁民"就是一方面胆子大，一方面很"刁"。"刁"就是不容易对付的意思。1994年夏天，我和欧博文老师到山东招远去做实地研究。民政局的局长谈得高兴了，开始跟我们讲他怎么处理农民上访，就提到"刁民"这个概念。山东省社科院的王振海研究员在场，他说"刁民"这个词实际上有两种不同的含义，一种是贬义的，一种是褒义的，农村的干部说某个人是刁民，往往是因为这个人懂政策、懂法律，不好对付。我们1996年这篇文章除了讲了以政策为依据的抗争这个概念以外，重点讲的就是顺民、刁民、钉子户这三类农民。

文章发表之后，欧博文老师认为，以政策为依据的抗争毕竟还是一个跟中国密不可分的概念。我们做研究是从分析一个具体的事情，到分析一个国家特有的现象，再下一步是把它当成人类政治生活、政治现象的一类。这就相当于哲学里说的，从个别到特殊再到一般。这个三分法是马克思从黑格尔那里借来的，黑格尔的辩证法是一串三段论，个体、殊相、共相是关键的一串。我觉得这种辩证思维对我们现在做研究仍然很有启发意义。我们研究中国的时候，往往是从个别现象入手，这个别现象一定是你最先在一个特定地区注意到，下一步你要看看这个现象是不是仅限于这个地区，如果在全国各地都有，就从个体（individuals）进入了殊相（particulars）。但进入这个层次以后仍然不够，下一步要说这个中国特有的现象也是人类政治生活里共有的现象，也就是从殊相进入共相（universals）。有些学者抱怨，自己明明做了一个很好的案例研究，但被拒稿了。其实期刊不要这样的文章的原因往往很简单：你认为自己在做一个案例（a case），但别人不知道你说的是一个什么东西的案例（a case of what）。我们作为中国人，肯定比外国人更了解自己的国家、自己的社会。但为什么外国人写的文章能够发表，我们写的文章英文刊物就不要呢？这是因为国外学者做案例研究的时候，总是在回答这到底是什么东西的案例，而我们往往不回答这个问题。但是，从殊相到共相这个层级的工作，1996 年我没能力做。这是要根据中国的经验事实提炼一个能够跟政治学里已有的概念体系匹配起来的说法。我做不了这个工作。一方面，我以前学哲学，做政治学研究是半路出家。更重要的

国外学者做案例研究的时候，总是在回答这到底是什么东西的案例，而我们往往不回答这个问题。

是我在读西方学术文献时有难以逾越的障碍，这个障碍就是文献背后的文化底蕴。如果只从字面意义上去跟西方的理论文献对话，你永远没办法让人家觉得你是个合适的谈话对手。这就好比很多研究中国的西方学者的普通话都说得很好，他们去找干部、找工人、找农民做访谈，也都能彼此听懂。但这并不意味着他们就能透彻了解中国。2011年我在德国遇到一位非常优秀的年轻学者，叫顾克礼（Christian Göbel）。他有次跟干部访谈时，中途进来了一位官员，有人说："说曹操曹操就到。"大家都笑了，但顾克礼不明白是怎么回事。后来他说要读读《三国演义》，补补文化课。我们在跟西方理论文献对话时也面临类似的障碍。这一关是很难过的，我到现在仍然觉得过不了这一关。所以，1996年欧博文老师要写另一篇文章的时候，我就只给他当助手，他写出一段，我们就讨论一番。他写文章一般不列提纲，那一次破例用一张八开纸列了很详细的提纲。在这篇文章中，他把以政策为依据的抗争（policy-based resistance）改成了 rightful resistance。说实话，一开始，rightful resistance 这个说法我看都看不太懂，当然不可能自己想出来。但是 rightful resistance 在英文里是个非常巧妙的说法，有很多含义在里面。前面 rightful 让 人 联 想 到 right 和 rights，后 面 又 有 resistance，这是个非常典型的 oxymoron（语词矛盾）。这篇文章后来发表在 *World Politics*（《世界政治》）上，就是我昨天说的，定稿是第 102 稿的那篇文章。文章被接受后，欧老师问我要不要署名，我说不要署名。我对文章有贡献，但是如果我署名，就有点过头儿了。

做到这一步，我们的研究是不是就结束了呢？还没有，还差得很远。有的人说"依法抗争"（rightful resistance）是个概念，我觉得它只是个说法而已，当然是个比较巧的说法。学术上要建立一个概念不是件容易事。就好比有个庞大的机器在美国和欧洲都平稳运转，拿到中国以后突然运转不良了，哪个地方卡住了。这时，我们要研究这台机器是不是少了点东西。做政治学研究，概念体系就是这台机器，我们要先证明它少了点东西，然后我们贡献一个新的东西，装上这个新的东西以后，这台机器在中国运转良好了，搬回美国仍然运转良好，还发现美国其实有与中国相似的东西。它原来在美国平稳运转，只不过是因为我们没注意到这些它处理不了的东西，毕竟平稳运转不是完美运转，不是能够解释所有重要现象。欧博文老师在 *World*

Politics 那篇论文里开始了这个匹配过程，但把一个口头词汇（colloquial term）变成聪明的隐喻（smart metaphor），再把隐喻变成一个接近概念的东西，非常困难。我们两人合作，花了十年时间，等到 2006 年我们合写的书 *Rightful Resistance in Rural China* 出版，我才觉得这个工作基本上完成了。学术界接受也好，不接受也好，这是我的极限了。后来欧老师写文章回应对这个概念的批评，我就请他自己写，我偷懒不干了。

实际上，在这本书出版以前，我已经很有信心我们抓到的是一条真鱼。2004 年我到福建厦门去，有个老朋友给我介绍了一位农民。这位农民说了一句让我非常高兴的话。他说：我们做的事情不是违法的，我们是依法抗争。我对 rightful resistance 的中文翻译就是"依法抗争"。对我来说，那一刻就像一个学习禅法的学人，终于听到禅师说："你悟了"，得到了禅师的印可。我觉得，我对农民的研究终于得到了农民的认可，这对我来说最有价值。

当然，我刚才讲的都是回忆。钱钟书先生说过，回忆是不可靠的。所以，我刚才讲的东西，有多少是无意中加工过的，有多少是合理化的，我自己也不知道，各位要小心，不能完全当真。我想要强调的是，

我在走第一步的时候根本不知道下面做什么，走第二步的时候也不知道第三步做什么。这里有很多机缘，很多外来刺激，当然也有很多挫折。

这绝对不是什么成功故事。我在走第一步的时候根本不知道下面做什么，走第二步的时候也不知道第三步做什么。这里有很多机缘，很多外来刺激，当然也有很多挫折。

原创点： 一连串问题

如果你先到一个研究领域，看到了新事实、新现象，你把它说清楚就是原创。

怎么才能做出一个有原创性的研究呢？无非就是两个方面。如果你先到一个研究领域，看到了新事实、新现象，你把它说清楚就是原创。如果你是后到的，别人已经说得很清楚了，也不代表你就没机会，总是还有没说清楚的东西。仍以熊猫为例，别人做了种属分析，你可以研究熊猫个体差异，比如有刚出生的熊猫、成长中的熊猫、成年的熊猫、老年的熊猫，这个时候就相当于在做定量研究了。不同地区的熊猫寿命分别有多长、繁殖率有多高，这些也是重要的后续研究，每一步研究都是原创的。但是，不论什么研究，一定有个开始，这个开始一定是定性研究。比如，假如依法抗争这个现象有一百个内容，即使我高估，声称欧老师和我做了百分之六十，也仍然有很多东西没

讲清楚，仍然有很大的研究空间。我最近十二年研究
政治信任，实际上就是想解释依法抗争的认知基础，
我觉得这个基础的一个重要成分是我昨天提到的差序
政府信任。差序政府信任是依法抗争研究衍生出来的
子课题。一句话，任何课题都有很多原创点。关于一
个重要现象，汉语里所有的疑问句都是原创点。例如，
这是什么？在哪里？什么时候？这是谁呀？谁跟谁呀？
怎么回事？为什么？图什么？后来怎样了？我们做研
究时不妨问自己这些问题，看学术界有没有答案。你
发现哪个问题还不清楚，或者你认为别人的回答不正
确，那就是你的原创点。

我再举个例子。上学期有位同学说想研究官员的
晋升问题。在中国研究里，官员晋升既是个自变量，
也是个因变量。有的学者想解释中国经济高速发展，
把晋升作为一个自变量，也就是所谓晋升锦标赛。晋
升也可以是一个因变量，也就是说，我们可以解释为
什么会出现锦标赛这种现象。晋升锦标赛是描述一个
现象，就是回答"是什么"这个问题。我觉得这里有
原创点。晋升锦标赛这个说法准确吗？我们能不能接
受它？如果把关于晋升锦标赛的研究论文拿去跟各级
官员讲，他们是会认可，还是会当笑话？我觉得官员

这一关未必能过。如果把锦标赛当作一个自变量来解释中国为什么经济高速发展，可能成立。我们可以假定，大多数官员认为 GDP 上去了就会有比较好的晋升机会。在这个意义上，锦标赛的提法有一定解释力，但要加很多附加条件。如果把晋升当作因变量来解释，用锦标赛解释它，就会出现问题，因为这时隐含的前提是中国官员的晋升是锦标赛。

我们刚才已经说了，"是什么"是个很重要的原创点。如果一个现象别人已经界定清楚了，你也认可，也并不意味着后面的研究没有原创性。后续问题的原创性虽然赶不上发现大熊猫，但也很重要。实际上，科学史上有几个人找到了大熊猫呢？青霉素是个大熊猫，X 光是个大熊猫，但这不等于后续的研究就不能得诺贝尔奖。除了"是什么"以外，其他问题也是原创点，往往是更重要的原创点。

使用文献：从突破个人的极限到突破学术共同体的极限

研究是一项极限运动。研究跟跳高一样，我们的目标是要努力跳到一个更高的高度。要得跳高冠军，只要在一定时间一定地点跳到最高就可以，不需要破世界纪录，但是一定要在一场运动会、一个地区达到最高水平。研究也一样，你的文章发表了，不一定就是完全原创的东西，但一定是某个学术共同体里某个时刻最好的。说研究是极限运动，有两层意思。第一，你要尽最大努力，要挖空心思，当然不能真的呕心沥血。用欧博文老师的话来讲，要 work to your incompetence，就是工作到自觉无能的程度。也就是说，要工作到觉得自己没本事，觉得自己很笨，然后突破这一点，觉得自己还有点本事，不是笨得不可救药。一定要工作到这个程度、研究到这个程度、努力到这个程度，才叫极限运动。有些学者实际上一直生活在自己的舒适区（comfort zone），不想办法突破自己。我这样说没有任何贬义，不过这样做研究永远都是不温不火的。说它不好呢，也确实算不上不好，但说它好呢，也说不出什么特别好的地方，永远都是那种温吞吞的东西，这就不是极限运动。这样的学者可能名气很大，但是面目模糊。我总觉得，如果我现在写的文章不如以前写得好，那就没必要去写。这是极限运动的第一个意义。

你的文章发表了，不一定就是完全原创的东西，但一定是某个学术共同体里某个时刻最好的。

如果我现在写的文章不如以前写得好，那就没必要去写。

极限运动还有第二层意思。你认为你突破了极限，别人认可吗？学术共同体还有一个共同的极限。我们要把这个共同的极限找出来，也就是说，要 engage，使用、交锋现有的文献，然后要坐实、证明（substantiate）你的研究确实是原创，确实突破了学术共同体的极限。下面我们就来讨论怎样来坐实、证明自己的研究突破了学术共同体的极限。这一点要靠学问。欧博文老师说，学者要有自己的 signature piece，就是"签字式的作品"，大致相当于我们说的代表作，就是这篇文章像你的签字一样，独一无二，只属于你自己，别人一看就知道是你的。十两白银不如一两黄金。在学界成为一号人物（somebody），不在于搞出多大动静，混出多大名声，而是在于扎扎实实有点独特的学问。学者不突破自己的极限，不突破学界当时的极限，不可能有"签字式的作品"。

请大家注意，我对文献的理解可能跟各位读研究生时老师告诉你的文献综述不是一回事。读研究生时最痛苦的事就是做文献综述，但我告诉我的学生，不要做文献综述，综述它干什么？值得吗？有可能吗？那些文章值得你那么认真地看吗？认真看了以后你就能做好研究吗？所以我的学生做博士论文是比较轻松

在学界成为一号人物，不在于搞出多大动静，混出多大名声，而是在于扎扎实实有点独特的学问。

我们看文献，不是为了学习，而是为了超越，所以应该看文献里最新、最领先的成果。

97

的，我不要求他们做文献综述。但是，我要求他们使用文献。使用文献是高度选择性的，甚至可以说是高度精准选择的。我们看文献，不是为了学习，而是为了超越，所以应该看文献里最新、最领先的成果。一篇文章可能一万字，但最新的东西可能就一句话。James Scott 的 *Weapons of the Weak*（《弱者的武器》）有四百多页，当学生时，我们也许可以看得细一点，作为学者，我们不需要看他讲的那些很具体的故事，只要知道日常形式的抵抗的定义就够了。只要充分尊重、充分理解人家这些已经有的、最新的成果，就够了，因为那就是他的极限。如果你的研究突破了他的极限，我们哪怕只是突破他一点点，就很好了。我们在做文献研究的时候，尤其在投稿的时候，都要明确这一点。

如果你的研究突破了他的极限，我们哪怕只是突破他一点点，就很好了。

还拿昨天提到的那个研究作例子。作者做了非常好的调研，大家可能还记得，我用了 excellent（优秀）、outstanding（杰出）这些词来形容他的调研。但是他缺的功夫在什么地方？他有一个很强的论断，但是他没很好地坐实，或者说没严肃认真地去坐实。没做好比较情有可原，如果是根本不认真做，说明他学术训练有欠缺。他突破了自己的极限，但不能轻易假定也突破了学术共同体的极限。如果做这样的假定，就过分了。有没有人可以这样做呢？有，就是学术界的天才。比如说物理学界的爱因斯坦，现代物理学界的霍金，数论的陶哲轩，哲学的维特根斯坦。如果你是这样的人物，你可以说我发现的东西一定是最新的。但我们不是这样的天才，聪明，但不够聪明，很聪明，但没那么聪明。所以，我们这些人就只能老老实实地做学问。我们有个发现，在这个问题上，我们已经根据我们的学术良心做到了最好的程度，下面我们要告诉学界的同仁，我们不光是做到了自己最好的程度，还做到了现在学术界最好的程度。这部分的工作很难做，但是必须做，尤其是投稿的时候必须做。

前面我提到了一位南开的师兄，他说他想问题的时候，只在乎这个观点是不是他自己想出来的，不在乎这个观点别人有没有提过。作为一个训练过程、作为一个成长过程，这是可以的。但这只是一个学徒学艺的过程。等你真正进入了市场，真正变成了一个学者，成为思想产品、知识产品、理论产品的生产者的时候，这种态度就不够了。一个观点不仅必须是你想出来的，而且你还要论证别人没想到过，或者说别人想到了九成，你想到了九成半，比别人多了 5%，这多

> 一个观点不仅必须是你想出来的，而且你还要论证别人没想到过。

出来的 5% 是不容易的，哪怕只多 1% 也是不容易的。但是你一定要讲清楚，你多的那部分到底在哪里。

我有个建议，我们写文章的时候一方面要强调自己的东西是新的，另一方面不妨把人家已经做的研究说得正面一点，最起码做到公平评价。也就是说，要尽量用比较肯定的词来评价其他学者的研究。这不是为了讨好人家，而是表示自信。抬高对手不会贬低自己，贬低对手恰好就是贬低你自己。如果你说人家的研究做得不好，只做到了五成，你即使好一点，那也没什么了不起。如果人家的研究已经很好了，做到了九成，你比他还要好一点，把这个研究推进到了九成五，那才说明你真有点东西。年轻学者很容易有意无意贬低人家，这是学术界的一大忌讳。美国教授对研究生有个专门的说法，叫 dragon slayer（屠龙的人）。实际上，绝大多数学者的成长过程，或者说从学生转变为学者的过程，是从屠龙过渡到雕虫。就是说，原来是要去屠龙的，要把学界大佬统统打倒，自己当龙头，后来才明白人家做的东西已经很不错了，我只能在人家的基础上修修补补。这是成熟的过程。大家记住，贬低别人、批评别人是不自信的表现，你真心实意称赞欣赏（appreciate）其他学者，才是自信的表现。

要尽量用比较肯定的词来评价其他学者的研究。这不是为了讨好人家，而是表示自信。抬高对手不会贬低自己，贬低对手恰好就是贬低你自己。

绝大多数学者的成长过程，或者说从学生转变为学者的过程，是从屠龙过渡到雕虫。

如果各位有兴趣，我建议你们看看周雪光老师发在《美国社会学评论》上的文章。只看他前面几个自然段，就可以体会到他是怎样用很巧妙的、很微妙的方式来坐实他的原创声明。周老师的文章讲的是他原创的观点，但是他的文章前半部分会很具体地告诉你，前人在相关问题上做到了什么程度。他把握得非常精准，就用几个词、用很准确的页码。我推荐周老师写文章的风格，是因为我敢断定他引用的那些作者如果看了他的文章，看了他的那一句话、那半句话，一定会点头承认，一定会心里感到很舒服。如果你做的文献综述，让人家感到心里不舒服，或者感到你有意无意地贬低他，那就说明你的学问还没到火候。除了周雪光老师，在黄亚生老师的文章里也能体会到这个功夫。欧博文教授在这方面的造诣，也是我望尘莫及的。

> 如果你做的文献综述，让人家感到心里不舒服，或者感到你有意无意地贬低他，那就说明你的学问还没到火候。

我讲这么多，是希望大家调整一个观念，文献不是用来综述的，综述文献是学徒工的事情。我们写文章的时候有个基本出发点，那个基本出发点是读文献获得的，但这不是说要把所有文献都读下来。我下面讲一个季羡林先生的例子。我在好几个场合都讲过这个故事，因为太有意思，太好玩了。季先生在德国的哥廷根大学读书的时候学的是梵语，博士论文分析一本叫《大事》（Mahāvastu）的佛典动词词尾的变化。插一句，有个记者问季先生学那些已经死去的语言有什么用。季先生的回答非常有智慧。他说，不论什么学问，学好了，都有用；学不好，都没用。我们做研究的时候为什么要强调极限，就是说要把这个研究真正做好。季先生在一篇回忆文章中里讲到了他在做文献综述问题上学到的功课。他的导师叫瓦尔德施密特，精通俄语，所以虽然是大学教授，仍然被征从军，给德国的军事指挥部当翻译。德国跟苏联打仗的时候俘虏的高级苏联军官，审问的时候就让季先生的老师这样精通俄语的人当翻译。导师从军，很多时候不在哥廷根，季先生就自己看书。他觉得，既然要做个研究，就要先把所有的文献看一遍，做个综述，写个导论。他花了很长时间、用了很大功夫，写了一个自己很满意的导论。等老师回来度假的时候，他就把这个导论交给了老师。过了几天，老师让季先生到办公室。他满心指望老师会夸奖他几句，但一进门就觉得气氛不太对。那个老师脸上挂着微笑，是有几分诡异的微笑。他去看他交的那个很长的导论，发现老师在开头打了个括弧，在最后打了个括弧，然后画了个尾巴。我们做过编辑的人都知道，画尾巴就是删除的意思。季先生说，他辛辛苦苦做出来的导论就这样被老师坚决、干净、彻底地消灭掉了。看他有点懵，老师才口气很缓和地告诉他，他要研究的是个新的课题，要先去做研究，做完以后引用适当的文献证明他的研究是新的就够了，他虽然花了很长时间看书，但永远看不全，总结得永远不够精准，处处是漏洞，这样的导论是不需要做的。

我们在做博士论文的时候，如果能有这样一位老师，对我们的成长是非常重要的，因为他可以断定这是个新的领域。这就好比李零先生说的，老师应该告诉你哪个题目值得做，哪个不值得做，哪些题目你去做就能找到新东西，哪些题目做了也找不到新东西。

结语： 学术生态

所谓研究独创性就是新，不仅对你自己是新的，对整个学术共同体也是新的，这才是最难的一点。

我们现在总结一下，所谓研究独创性就是新，不仅对你自己是新的，对整个学术共同体也是新的，这才是最难的一点。也就是说，一方面你要突破自己的极限，另一方面，你要使用文献，让学术界的同仁承认你突破了学术界共同的极限。还要注意的是，任何一个研究都涵盖了很多小问题，每个小问题都不可能一下子回答完，都是一个原创点。学术研究的积累性就体现在这个地方，前面的人做了那么多，你接着去做，哪怕只是个比较小的突破，它仍然是个有价值的突破。

说到在学术界生存，我有个观念，不知道各位会不会认同。我觉得学术界是个生态系统，有完整的食物链。从最基本的能进行光合作用的植物开始，后面是低等动物，再后是高等动物，顶级是我们人类。我们要给自己定位，不要总觉得只有在学术界当老虎、当狮子才有生存的价值。实际上不是这样的，没有食草动物，狮子、老虎只能饿死；然而，没有狮子、老虎，食草动物也可以活。你们说哪个更值得去做？当然，你可以说，没有狮子、老虎，食草动物会退化，但那是种群问题，我们谈个体问题。动物如果没有植物一定会饿死，植物没有动物也许会活得更好。那么你是想做植物，还是想做动物？现在科学那么发达，但是有一关仍然突破不了，就是植物的光合作用，人类到现在为止都没完全搞清楚。所以，如果你会光合作用，你是觉得很光荣，还是觉得自己的生存等级很低？我是属兔的，我可以告诉各位，我在学术界顶多是只兔子，但我是只很自豪的兔子。因为我能做的事情老虎做不到。老虎靠吃草是活不了的，我光吃草就可以活得很好。

学术界讲究原创，那么创新的原点在哪里？从生态系统的角度来讲，创新的原点、生命的原点就在光合作用。

学术界讲究原创，那么创新的原点在哪里？从生态系统的角度来讲，创新的原点、生命的原点就在光合作用。我们研究的是个很小的现象，比如说居委会、村委会、业主委员会，但这不意味着就是层次太低了。我们研究的可能是业主委员会的维权，维权的"权"就是权利（rights），不是权力（power），不是权威（authority）。这个权利（rights）是个什么层次的概念？权利是全人类的政治生活里最重要的关键因素之一。我们写文章讨论业主委员会的维权的时候，背后研究的是中国人的公民权利意识怎样成长，怎样在跟物业公司、跟居委会、跟街道办事处的很细碎的互动过程中慢慢成长起来。从这个角度看问题，就不必担心别人认为你研究的东西太小、没价值。生物链里每个点都是原创点，我相信各位都能找到自己的原创点。只不过，我们在这个原创点上做到最好以后，还要下功夫说服别人，让他们相信我们突破了学术共同体的极限。我可能只突破了这个极限一点点，但是我毕竟把学术往前推动了一点点。如果这两点大家都能掌握，研究就可以做好，发表当然就不成问题了。

　　我们这次讲座的总题目叫"不发表，就出局"，这是个我们没办法挑战的规则。那怎样才能在这个规则下面做到最好呢？到现在为止，我讲了这么几个东西。第一是审稿标准。既然发表是学者的生存之道，那么我们就把审稿的几个标准找出来。第二，这些标准里最重要的一条是课题必须重要，我们第二天就讲了怎样衡量课题是否重要，怎么找到一个重要课题。第三，重要的课题还得是原创的课题，我们今天就讲了建立课题原创性的两个基本点。从明天开始，我们要过渡到第三个环节。你已经有了重要的研究、原创的发现，下面就是生产产品的最后一关，也是不能忽略的一关，就是怎么把它真正制作出来包装好了卖出去。明天开始我们会讲制作包装的过程，也就是写作的过程。你要把你脑子里那些了不起的发现说出来，这样人家才能承认。我讲个例子，是30年前从张家龙老师那里听来的。我国有位非常伟大，但有点儿懒惰的逻辑学家，叫沈有鼎。做数理逻辑的人都知道，数理逻辑里有个学派叫自然语言学派，创建这个学派的人事实上是沈有鼎先生。但是沈先生有点儿懒，他的标志性动作就是夏天拿个大蒲扇一边扇扇子，一边跟大家聊天。沈先生爱聊天很出名，不在意听的人是不是内行，只要有人听就谈兴十足。他聊的都是很有智慧的东西，但他只是聊，往往聊完就完，不抓紧时间写下来。我猜想沈先生是特别醉心于聊天时灵感不断闪现，自己想通了，就心满意足了。我国学者高度重视沈先生的重大贡献，但欧美学者谈到数理逻辑自然语言学派时很少提到沈有鼎先生。讲这个例子，是想提醒各位，述而不作的年代早就过去了，现在这个时代，有一点儿就要写出来，有半点儿也要写，写写就变成了一点，写的功夫很重要，我们明天就讲写作。

第四讲
表达要清晰

引言： 方法与思维

昨天有一点没时间细讲，就是这个原创的过程到底是怎么实现的。这个问题其实是讲不了的，我昨天忽略它也是没办法的办法。比如说"依法抗争"这个概念，或者说这个提法，是在什么情况下出现的？第一，说实话就是压力，我当时面临毕业，要写论文，总得想出点东西来。第二，确实是现成的概念不适用。传统的农民研究一般关心农民的反抗，我们的历史课本叫起义。另外一派以 James Scott 为代表，说农民是有日常形式的抵抗。这两个概念都没法用来讨论我关心的集体上访，所以我一定要想出个新词来描述它。想来想去，居然想起了上大学时在中共党史课堂上听过的"合法斗争"这个说法，周恩来在重庆领导的合法斗争和农民研究八竿子也打不着，我也说不清楚这种联想是怎么发生的。各位可能都有这种体会，有的时候会产生一种联想，说得好听一点就是思维的火花，但是这个火花是怎么冒出来的？这是讲不出来的。

当然，这不等于说这种思维能力或原创能力的培养无从着手。我们拿原来在 NBA 打球的姚明作例子，长得高当然是他的先天优势，但是他还有其他的特点，美国的电视解说员谈到姚明，经常说的话是"too tall, too strong, too teched-up"（太高、太壮、技术太好）。这个"技术"是训练出来的。我们各有天赋，无法改变，但研究技术可以通过训练获得，通过实践提高。当然，研究技术的训练相当于篮球运动员在健身房里练力量、练速度、练耐力，在球场练投篮、练罚球、练防守，真正上场时的发挥是任何人都教不了的。

我们今天会讲些研究方法。研究方法里有很多会让年轻学者误会的东西。我昨天提到过，季羡林先生在德国留学的时候曾经写过一个很长的导论，老师看了以后轻而易举地枪毙了。那个老师敢枪毙他的导论，告诉他这个导论不需要做，是因为那个老师非常清楚

我们各有天赋，无法改变，但研究技术可以通过训练获得，通过实践提高。

学术界的前沿究竟是什么。我们有的博士生导师让学生做文献综述，原因其实是老师自己不知道前沿在什么地方，所以就要求学生在文献里找研究前沿。这完全是误导。数学和自然科学的前沿可能在几十年前甚至更早的时候发表的文献里。但是，社会科学，特别是跟当代中国有关的社会科学研究，在文献里是找不到前沿的。你看的文献都是人家几年前做的东西，能找到前沿吗？昨天提到了李零老师的一个说法，导师的责任就是要知道学术界知道什么和不知道什么，就是要有几分把握地告诉学生某个问题现在大概研究到了什么地步，至少要能帮学生判断一个题目是否值得做。我们在写文章时也需要有点把握，动笔的时候我们应该基本肯定自己的研究不会跟别人撞车，不会重复别人的东西。刚才讲的不算研究方法，但跟研究方法有关系。

我相信各位有个共同的挫折感，就是每个人都说研究方法很重要，我们写文章的时候审稿人也说研究方法很重要。但是谁也不会告诉你研究方法到底怎么学，学到什么程度就算够了。现在有个学问叫作methodology，就是方法论、方法学，但任何一个学问都不是一个人可以穷尽的东西。那么，研究方法要学到什

社会科学，特别是跟当代中国有关的社会科学研究，在文献里是找不到前沿的。

么时候才算够呢？这是我们经常会有的一个困惑。

　　我读博士的时候上过一年方法论课，都是定量的东西。学了以后也没用，当然这个"没用"是在操作层面上，有用之处，就是所有的方法论都可以培养我们的思维习惯、思维能力。思维能力是怎样培养起来的呢？大家如果学过一点哲学就知道，恩格斯曾经说过，要培养思维能力，除了读以往的哲学，没更好的办法。为什么哲学是培养思维能力的一个比较好的方式？因为哲学就是思维游戏，不需要任何实证的东西。哲学就是想出一些思维游戏，有点像博弈论。博弈论很大程度上是数学，数学就是逻辑，学数学，学逻辑，对培养思维能力来说，就相当于我们到思维体育馆练拳击、练体操。我给大家举个例子来说明哲学家考虑什么问题。有这么个哲学问题：你在开火车，快进入隧道的时候忽然发现前面路轨上有五个工人在工作，你的第一反应当然是刹车，但刹车失灵了。如果你一直开下去，那五个工人必死无疑。恰好在隧道入口的地方有个岔道，你要挽救这五个人就得拐到这个岔道去。但很不幸，这个岔道上也有人，不过只有一个工人。那么，你要不要拐这个弯？不拐这个弯，你会撞死五个人，拐这个弯，会撞死一个人。你应该怎么做？

哲学家天天跟你玩这种智力游戏，让你去想。想半天也没什么结果，但是这个想的过程就跟我们去健身房练哑铃一样，是一种力量训练。各位对待研究方法不妨采取这样的态度，不管是定量方法还是定性方法，归根结底是培养我们的思维能力和思维敏感性，就是说，我们通过了解这些方法，知道可以从这个角度想问题，也可以从那个角度想问题，知道可以跳过这个环节，可以往回跑一点。我相信现在的研究生教学里，包括中国人民大学研究生的教学里，方法论不是教得太少，而是教得太多、太杂、太乱，有些教方法论的可能没意识到学方法论实际上是培养思维习惯和锻炼思维能力。

无论是上课还是做讲座，我讲到方法论的时候都会提醒大家把研究方法当工具看。我这两年在一些场合提倡对待方法论的用户视角，就是这个意思。有个很著名的小提琴家叫帕尔曼（Itzhak Perlman），他有个很有趣的比方。他说，小提琴是门艺术，小提琴家是音乐家，应该做出最好的音乐来；但小提琴同时也是门技术，有很多很复杂的演奏技术，弓法指法很多、很复杂，有些技法难度很大。一个人有没有可能把所有这些技术都掌握呢？帕尔曼说，有可能，帕格尼尼、

> 学方法论实际上是培养思维习惯和锻炼思维能力。

对待研究方法，其实是对待跟你的课题相关的研究方法，我们必须奉行实用主义。一方面要掌握前沿的方法，更重要的是培养一种感觉。

海菲兹、奥伊斯特拉赫、梅纽因这样的天才都能掌握，掌握以后还有时间琢磨音乐。但其他人呢？那些虽然也绝顶聪明，但算不上超级天才的人呢？帕尔曼说得很风趣："你五岁开始学琴，要想掌握全部小提琴技术，得学到九十五岁，还有时间学音乐吗？"同样，对研究生来说，如果所有的研究方法都得学会，学完以后是不是也九十五岁了？统计学要学多久？话语分析要学多久？博弈论要学多久？所以，对待研究方法，其实是对待跟你的课题相关的研究方法，我们必须奉行实用主义。一方面要掌握前沿的方法，更重要的是培养一种感觉。我昨天提到了我对一篇用人类学方法研究农村支部书记的文章。我不质疑他的方法，真正有问题的地方是他没把要点提炼出来。研究方法也有要点。下面我们就来简单谈谈定性方法与定量方法的要点。

定性方法： 推己及人

定性方法归根结底就是一句话：推己及人。

定性方法归根结底就是一句话：推己及人。比如昨天讲的农民上访的研究，农民集体上访，就得有人组织，有人参加，这到底是怎么回事？我虽然是在农村长大的，但很早就离开农村了，没真正当过农民，我也不理解他们为什么会这样做。但是我们可以想象一下，如果我本人是农民，我遇到这样的问题时会怎样去做？这样想就是推己及人。推己及人是有局限的，因为我们的生活经验是有限的。我们在大学校园里，怎么会了解农民每天的生活环境呢？我们去做访谈，或者去做观察，就是为了了解你研究的那些人大概是什么样的生活状况，了解了才能推断。

定性研究有两种推断不准的情况，有的时候会"以小人之心度君子之腹"，有的时候"以君子之心度小人之腹"，二者都是错的。我们有时候觉得一个定性研究没道理，可能就是因为研究者推己及人的立足点是错的。

国内有些学者强调实地调查要如何如何细致，可是，细是没尽头的。你怎么能以自己做得细、做得深、做得全自豪呢？你在农村住了半年，难道就比住了三个月、三个星期的人强吗？这样想是没道理的。你住了半年，农民住了三十年，你能比他强吗？法国人托克维尔到美国走了几个月，写了《论美国的民主》，一辈子住在美国的美国人写不出来。按照这些学者的逻辑，托克维尔一定是在做假学问。实际上，学者在做

定性研究有两种推断不准的情况，有的时候会"以小人之心度君子之腹"，有的时候"以君子之心度小人之腹"，二者都是错的。

很多时候，我们需要掌握多少细节，需要掌握到什么程度，取决于这些细节对我们理解那个重要的问题有没有帮助，就是说它到底是不是个相关的东西。

实地观察、案例研究的时候，关键是要有个重要问题在脑子里。很多时候，我们需要掌握多少细节，需要掌握到什么程度，取决于这些细节对我们理解那个重要的问题有没有帮助，就是说它到底是不是个相关的（relevant）东西。我举个例子，请相关的学者不要怪罪。1998年十五届三中全会，江总书记在报告里提到要扩大基层民主建设。一些地方的领导觉得收到了一个政治信号。当时农村已经实行了村委会选举。1987年，在推动《村民委员会组织法》在人大通过时，彭真委员长有个很有远见的说法：村管好了，可以管乡；乡管好了，可以管县。江总书记说要扩大基层民主建设，当时村已经有了直接选举，那么下一步自然就是乡了。所以，1999年开始，一些地方开展了乡镇选举试验。最有名的当然是四川省遂宁市市中区步云乡的乡长直接选举，是张锦明书记主持的。实际上，四川的第一个直接选举是中组部直接搞的试点，比步云乡早，在青神县南城乡，但这是大家后来才知道的。另外还有一些地方也有试验，比如山西的"两票制"，深圳大鹏镇的"三票制"，湖北京山县杨集镇的"两推一选"。这些试验都是响应江总书记十五届三中全会政治报告的说法做的，没任何政治问题。但为什么湖北省有关人士要在杨集这个地方做乡镇选举的试点呢？这个试验是怎样设计、怎样操作的呢？湖北一些研究人员做了非常详细的调查。但是在写研究报告时出了一个小问题，让我觉得奇怪。研究报告提到了杨集的地理位置，东经多少度多少分多少秒，北纬多少度多少分多少秒。这个研究课题是重要的，就是为什么会有乡镇领导干部选举的试点，为什么有人要推动它，为什么选择在这个地方推动？但这些重要问题跟杨集的东经北纬有什么关系呢？在研究过程中，我们如果丢掉了重要问题，那么就会无止境地调查下去，研究永远都做不完了。

所谓推己及人，"推己"是要站在自己的角度去推断，"及人"要有个很明确的目标，就是回答学者自己心中那个重要问题。这个"推己"的"己"，是自己的生活经历。我们没办法跳出自己，哪怕掌握了很多关于他人的事实、掌握很多关于他人的知识，我们也还是在自己的主观范围内思考。正因为我们永远跳不出自己，所以才有从自己推断他人的过程。我们的生活经验不够，我们的知识不够，所以要去做各种各样的实地调查、要去看文献资料、要去听人家讲。这些都是为了丰富我们自己，让我们自己有理由、有资格、

在研究过程中，我们如果丢掉了重要问题，那么就会无止境地调查下去，研究永远都做不完了。

所谓推己及人，"推己"是要站在自己的角度去推断，"及人"要有个很明确的目标，就是回答学者自己心中那个重要问题。

有根据去推断别人。但是，归根结底还是推断别人，推断他们为什么做出我们关心的重要决定。跟这些决定不相关的东西，我们没必要掌握，掌握了也没必要在研究报告里写出来。有人说定性研究要做深描，但是如果丢掉了重要目标，深描就变成了黑描，越描越黑。

定性研究有艺术的成分。艺术不能准确测量，那这个艺术成分怎么判断呢？你写了篇定性的论文，审稿人在评审这篇论文的时候怎样来判断呢？这里的标准是 plausibility，就是言之成理，就是可信。关于杨集改革的文章是用中文写的。如果这篇文章原封不动地译成英文并投到英文刊物，审稿人可能因为这个细节对作者的思维训练提出质疑。作者好像不知道什么是"相关"（relevant），他报告的是不相关的细节，让我们觉得他不知道怎样想问题。这样的研究调查得很细，但是研究结果不可信，缺乏说服力。

为什么讲定性研究的时候要讲到艺术性呢？因为艺术是个高度选择性的东西。做定量的人总是说定性研究是初级班、是小儿科、没什么训练也能做。做定性的人会说，如果没我们事先界定这些东西，你凭什么来做定量研究？这种争论当然没任何意义。但总的

有人说定性研究要做深描，但是如果丢掉了重要目标，深描就变成了黑描，越描越黑。

总的来说，定性研究要做好很不容易，定量研究要做好也很不容易。哪个更难？我觉得定性研究更难。

来说，定性研究要做好很不容易，定量研究要做好也很不容易。哪个更难？我觉得定性研究更难。复旦大学的唐世平老师说过，定性研究有垃圾，定量研究也有垃圾，但这两个垃圾相比，定量研究的垃圾更垃圾。我觉得他这个话有一定道理。定量研究有时候是不走脑子的，简单操作一下，一篇文章就出来了，但好像什么都没说，pointless。在定性研究里，作者可能写一大堆 points，你不知道他的要点是什么，可你毕竟还能得到一些有用的东西。

定量研究：有技术支持的证伪思维方式

定性研究的要点是推己及人，那么定量研究的要点是什么呢？我也用一句话来总结，定量方法是有技术支持的证伪思维方式。定量方法难学，是因为它有技术支持，主要根基是概率论。当然，定量研究有各种各样的算法，各种各样的检验，但是我觉得定量方法的要点是证伪思维，它跟我们日常思维方式不一样。举例来说，我们观察人的世代更迭，很自然地就注意到人老了会死。但是不是所有的人都会死呢？如何才能得出结论说人都会死呢？如果用日常的思维方式来看，你会说，这个人活了 100 岁，最后还是死了，那个人活了 120 岁，最后还是死了，地球上生活过这么多人，150 岁以上的人都没有了，所以人都会死。这是所谓的证实的思维方式。证伪的思维方式是绕个弯子，有点像兵法里的"欲擒故纵"。我们先提个研究假设 H_1，但分析过程中真正关注的是 H_0，是那个零假设（null hypothesis）。也就是说，先设定 H_1 假，把马放出去。用证实的思维方式证明 H_1 会陷入英国哲学家休谟指出的归纳问题，即用归纳法无法证明全称判断，因为从个别到一般是个质的跳跃，不是简单的量的积累。定量方法绕开了这个归纳问题。先假定零假设为真，然后根据概率论做个推测，如果零假设是真的，那么观察到某个现象的可能性有多大。好玩儿的是，这里说的某个现象是样本的状况，是已经观察到的东西。所以，如果根据概率论推出了这样的结果：如果零假设为真，那么我们观察到样本状况的概率是千分之一，我们就要琢磨了。千分之一是很小的概率，但据预测发生概率很小的事件已经发生了，因为我们已经获得了样本，看到了样本的状况。这时我们需要做个选择，只有两个选项。第一，预测某个现象发生的概率只有千分之一，结果这个现象发生了，说明预测不准，预测不准，说明预测依据的理论很可能有问题，预测依据的是零假设，零假设很可能不是真的，我们于是决定放弃零假设。放弃零假设，意味着接受跟它相反的研究假设。要注意，我们只是放弃零假设，并没断然判定它的真假，我们承认在放弃的时候冒了风险，这风险是我们放弃了一个真的零假设。这个风险就是犯一类错误的风险，中山大学的丘海雄老师把一类错误称为"弃真"。我们能不能躲避这个风险呢？可以，但要冒另一个风险。我们另一个选项是不放弃零假设，坚持接受它，这样做冒了另外一个风险，就是丘老师说的"纳伪"，就是可能接受了一个假的零假设。犯一类错误的风险与犯二类错误的风险成反比。一个大，另一个就小，一个小，另一个就大。当然，不是一一对应。所以，只要做研究结论，就无法回避犯错的风险。我讲统计课，学美国老师的做法，总是拿无罪推定下的法庭审判做类比。我们没时间详细讲，但我告诉各位，只要想通了道理，统计分析并不艰深。我每次讲计量分析课都告诉学生，我是把计量分析当思维方法讲，它比较复杂，像个有很多片儿的拼图游戏，但并不艰深。

如果哪位朋友没学过统计方法，会觉得我上面说得像绕口令。统计的思维方式确实有点绕，但是道理并不复杂。举个例子可能比较容易说清楚。仍然以人人会死为例。如果用统计方法思考这个问题，基本是这样的。我们的研究假设是人人会死，人与死有关系。零假设是人与死没关系。样本情况是我们实际观察到的现象，就是 150 年前出生的人，至少一千亿吧，都死了。如果人跟死确实没有任何关系，这个现象发生的概率有多高？可能是亿分之一吧，反正非常小。可是这个现象是否发生了呢，发生了。根据预测，一个事件发生的概率只有亿分之一，然而这个事件居然发生了，这说明预测不准。预测不准就意味着做预测时依据的理论不准，那个理论就是零假设。这个时候，我们就应该选择放弃零假设。放弃零假设要冒犯一类错误的风险，不放弃要冒犯二类错误的风险。两害相权取其轻，我们根据自己做的研究，事先确定一个标准，就是定好愿意承担多大的一类错误风险。不超过这个标准，我们就冒这个风险，超过了，就不冒这个风险，宁愿冒另一个风险。定量方法归根结底是这样一种证伪的思维方式，没学过高等数学，也可以使用定量方法。使用定量方法，只要求我们懂得定量方法的要点。至于那些方法本身，我们给专家投信任票，我们相信他们做的东西是对的。

做定量分析的人有时有意无意把定量方法神秘化。有的学者为了树立自信很想让别人觉得他们会的东西很深奥。你懂很深奥的东西，说明你很了不起。有些做定性分析的人也犯这个病，那些所谓的后现代方法分析，在我看来就像胡说八道。一个很简单的道理偏偏用非常晦涩的语言包装出来，让人听不懂。一般情况下，如果我们不懂，我们不好意思说那是胡说八道，至少当着人家的面会说这个东西高深莫测。如果我们真懂，就会说这没什么复杂呀，本来就是很简单的。比如，统计分析有个很关键的概念叫"正态分布"，"正态"这个词就让人感到高深莫测。但只要稍微懂点英语就知道，正态分布是 normal distribution，就是正常分布。德国数学家高斯提出这个概念，用的是 Normal-verteilung，normal 就是正常。为什么不说"正常分布"呢？说正常分布让人觉得你在说正常的话，就不高深莫测了。我在系里冒充内行，讲统计分析，讲到正态分布，我说正态就是正常，正常就是自然。什么是自然？你喜欢，它是这样；你不喜欢，它也是这样，这就是自然。启功先生说："万有不齐天地事。"不齐就

正态就是正常，正常就是自然。什么是自然？你喜欢，它是这样；你不喜欢，它也是这样，这就是自然。

是正常分布。以人的身高来说，有姚明这样的巨人，也有侏儒，最多的是你我这样的普通人，我们的身高集中在人类平均身高附近，这就是自然分布，就是正常分布，也就是正态分布。所以，正态分布说到底是个世界观，世界自然而然就是这样的。当然，我这样解释正态分布，好像把高大上的统计分析庸俗化了。其实不是，我只是想说明统计分析是证伪思维方式的技术支持。我们学会了证伪思维，技术部分完全可以信任专家。这是真正的谦卑。如果我们仅仅有能力使用统计方法，偏要以统计专家自居，那才是小看统计分析。

定量方法有很多非常精密的技术，要想搞明白，需要花很长时间去琢磨，但是我们可以把它作为一种思维方式来使用。为什么投稿的时候审稿人会提出各种方法上的问题呢？很多时候，这是因为我们没注意细节。定量方法不玄乎，但也绝不简单。它难以掌握，因为里面的门道太多了，各种各样的检验，各种各样的辅助手段太多了。这个时候，外行会觉得定量方法很了不起。其实我们可以反过来想，一个文本注释太多，说明这个文本可能有问题；同样，一个方法检验手段太多，说明这个方法可能不够科学。我们一旦理

一个文本注释太多，说明这个文本可能有问题；同样，一个方法检验手段太多，说明这个方法可能不够科学。

解了这一点，就会明白：检验多，说明方法有漏洞，我们要尽可能把所有漏洞都堵上，这样人家就不会提出问题了。举个例子，有序逻辑斯蒂回归（ordinal logit regression）有个平行回归假定（parallel regression assumption）。定序变量每个取值之间，比如1，2，3，4之间的距离是不确定的，定序回归不假定1，2，3，4各个取值之间的距离相同，但是假定自变量发生一个单位的变化对从1到2的影响和对从2到3的影响、从3到4的影响一样大。如果你写文章不报告这个检验，就等于承认你不知道这里有个漏洞。这还算好的，评审人往往会猜疑，认为你知道确实有个漏洞，但你不敢检验，因为你堵不上。这样的疏忽是我们做定量论文的时候一定要避免的。

说实话，虽然我在读博士的时候学过一年的定量方法，但我一直不大相信定量方法。现在我自己讲定量方法，必须假装相信一部分，我自己也用定量方法，所以我不能说定量方法毫无道理。但是，我总觉得定量方法非常考验学者的良心。我上方法论课时特别强调一点，就是说定量方法，比如说以统计的方式检验假设，实际上分为三步。除了胡适先生讲的大胆假设、小心求证，还有第三步，就是良心决断。研究方法的

以统计的方式检验假设，实际上分为三步。除了胡适先生讲的大胆假设、小心求证，还有第三步，就是良心决断。

124

技术含量越高，操作空间越大，捣鬼的诱惑越强，越需要有学术良心。这几年，排名很高的政治学刊物（像《美国政治科学评论》）发表了一些有关中国的定量研究。这是好现象，不过也制造了一个难题。定量研究很关键的环节是样本，是抽样。但是还有个更关键的环节，是问卷设计。由于各种各样的规定和限制，很可能出现的情况是：如果想获得一个好样本，就没办法问重要问题；如果想问重要问题，就要牺牲好样本。这样，我们就面临一个很大的挑战：是面向中国，还是面向政治科学，到底朝哪个方向走？怎样才能取得一个比较好的妥协？另外，你辛辛苦苦得到一个数据，分析了半天，发现有个相关系数在统计上是显著的，是不是就值得写篇文章呢？不一定，因为你的良心可能告诉你，写这样的文章无非就是制造个垃圾而已。在一个回归模型里不显著，鼓捣鼓捣变得显著了。放进一个关键的控制变量以后不显著了，把它拿掉以后又显著了。问题是，这样做有意义吗？一个学者如果单纯为了发表而写论文，单纯为了发表而做研究，定量方法很容易让人降低道德标准，因为它里面的诡计太多，北京话有个词叫"猫腻"，各种各样的猫腻太多。再比如刚才讲的那个情况，你没做那个

一个学者如果单纯为了发表而写论文，单纯为了发表而做研究，定量方法很容易让人降低道德标准，因为它里面的诡计太多。

平行回归检验，如果评审的人恰好不懂这个东西，你就蒙混过关了。我建议大家轻易不要冒这个险。有的年轻学者可能觉得，只要论文发表，管它洪水滔天。我觉得我们不要这么想，这样想就把最重要的东西给忘掉了。这次讲座的标题叫"不发表，就出局"，我们的目的是不出局，不出局是生存，但生存不是我们的目标。我们都是聪明人，如果简单谋生存，完全不必辛辛苦苦做学术研究。90年代有个说法，大学毕业后有三条道，红道黄道黑道，做学问是黑道。学术界有几个人会说只要能活就可以了呢？如果在求生存过程中给自己留下后患，那就等于把后半辈子的生活败坏掉了，你永远活不好。我有几篇文章改得很辛苦，改了很多次，我非常感谢当时枪毙掉原稿的几位评审。定量方法有很多漏洞、很多陷阱，不知道就会掉进去，审稿人告诉你说你掉陷阱了，你的第一反应应该是感谢。

　　顺便说一句，现在最流行的是混合方法。但混合方法适合那些已经有终身教职的老师用，对年轻学者可能是个美丽的陷阱，看起来很科学，真正用起来就等着受苦吧。文章投出去以后，会定量的人说你定量的部分做得不好，会定性的人说你定性的部分做得不好，永远都是一大堆毛病。

期刊选择

我们现在讲写作。写作首先要解决一个问题，就是为谁而写。现在刊物很多，我们为了生存而发表，首先要考虑投什么样的刊物。这里面需要考虑的因素太多了。比如说我们系制定评审标准时，制定了一个在美国学者看来是乱搞的原则。我们根据 SSCI 的排名来判断刊物的重要性，用的是五年影响因子，不用单年的。社会科学，尤其是政治学反应很慢，今年发表的文章，就算当年就有人引用，也可能三年后引用的学者的文章才发表。用单年度影响因子评判刊物在学术界的地位是不准确的，我们用五年影响因子，排出前 10%，前 30%，前 60%。这没什么问题。最容易让美国学者感到奇怪的是我们的一个原则，就是各个学科等量齐观，不管是公共行政、政治学、国际关系、区域研究、社会学、心理学，每个学科的价值都相同。比如说，区域研究前 10% 的刊物跟政治学前 10% 的刊物是等值的。换句话说，在我们系，在《美国政治科

学术界不是世外桃源，也是人世的一部分，有很多政治游戏在操作。

学评论》发一篇文章跟在《中国季刊》发一篇文章等值。这样的标准如果拿到美国主要大学的政治学系，系主任会拍桌子，他们会说这两个刊物怎么可能等值呢？有个消息，我不知道是不是属实，听说加拿大有个学校的系主任公开声称区域研究刊物在他的系不算数，也就是说，研究中国的学者在《中国研究》、《中国季刊》、《近代中国》这样的刊物发文章，写了白写。这不是我们能解决的问题，也不是那个系的学者能解决的问题，这是个现实条件。我只是给各位一个提醒，关于区域研究的价值，在学术政治里分歧很大。学术界不是世外桃源，也是人世的一部分，有很多政治游戏在操作，我们在选刊物的时候要考虑到这一点。

我这么多年只写过两三篇中文的东西，主要原因是中文文章在香港不算数，不算数我就不写。写一篇坏文章也要花很多时间。这句话不是我说的，是一位我很尊敬的前辈学者墨宁（Melanie Manion）教授说的。如果某个期刊在你们系、你们学校的评价体系里不算数，那么就不要去投，除非你看到了近期离开这个单位的前景。如果你现在在某某大学，但是你的目标是更好的大学。你在的这个学校不看重某个刊物仅仅是因为目前在这个学校掌权的人学术水平有问题，那你就不要理他。香港的大学也存在类似的坏现象。有的系都因为期刊名单（journal list）发生严重内讧，因为名单没有公平标准。有的大学期刊分为 A 类 B 类，有些系出现了很怪的现象，只要系主任在某个刊物上发表过论文，这个刊物就自动成为 A 类刊物。我不知道国内是不是也有这样的情况。我们系的期刊名单和评级标准是我主持制定的。我们系构成比较复杂，有做政治哲学的，有做公共行政的，有的老师做的研究接近社会工作、社会福利，还有研究文化遗产的，虽然只有十几个人，但领域很散。所以，我提出我们彼此尊重对方的学科，你做公共行政，那么公共行政就单独评价，公共行政里的前 10% 刊物跟区域研究里的前 10% 刊物等值。我主持这个工作，不怕别人说我不公平，我既在中国研究的刊物上发文章，也在政治学刊物上发文章。*Comparative Politics*（《比较政治》），*Comparative Political Studies*（《比较政治研究》），*Political Behavior*（《政治行为》）在政治学里排名不高，但是如果拿到美国学术界来评价，仍然比《中国季刊》重要。我负责制定的这个规则对我来讲是不利的，所以没有任何同事提出质疑。总而言之，我们要根据自己的生存环境考虑精力到底放在什么地方。

后面的内容就简单了。我们之前讲过，要用英文发文章就必须接受英文刊物的学术传统。如果你写篇文章鼓吹中国模式如何如何好，在国内也许可以发在《政治学研究》，但在英文刊物里几乎没任何机会。批判的学术传统有相对沉重的一面，但我们不能说坚持这传统的学术界有什么不可告人的目的。学术界对任何国家、任何政治体系都采用批判态度。美国学者研究美国政治也不把美国政治说得天花乱坠。有没有人说自由民主就是历史的终结呢？有，但不是学者，我们也不要把那些人当作美国学术界的代表。那些人也许名声很响，但是他们更多的是公众人物，是publicist，他们的受众或者他们心目中的买家只有一个，就是掌权的人，做学问的人根本不是他们心目中的买家。我现在还记得，福山先生（Francis Fukuyama）那个关于历史终结的书出来以后，我们系的老师都把他当笑话。出版这样的书就等于放弃了自己的学者身份。所以大家不要觉着他如何如何成功。王书记最近见了他，这跟我们有什么关系？马云生意做得很成功，他跟我们有什么关系？你想要让马云的成功跟你相关，那么你就去做生意。既然你选择了不做生意，那么马云怎么成功都跟你没什么关系。这样想，心态就比较

多睡觉的前提很重要，就是有些事情你放得下当然放下，放不下也得放下，没什么事情值得你牺牲睡眠。

容易把握了。说句玩笑话,有些朋友说我气色好。我气色好只有一个诀窍,就是多睡觉。多睡觉的前提很重要,就是有些事情你放得下当然放下,放不下也得放下,没什么事情值得你牺牲睡眠。各位记住,要想气色好,就得多睡觉。

除了接受实证的批判的学术传统,我们决定要不要给某个刊物投稿的时候,还要翻一下它最近三五年发表的论文,或者说现任主编上任以来发表的论文。不用往前翻太多,翻太多没用。比如说二十年前的《中国季刊》没有一篇文章有回归模型。最好玩的是2001 年唐文方老师在《中国季刊》发表的一篇论文用概率回归(probit regression)做分析。文章发表的时候,这个模型居然被删掉了。那篇文章很认真地讨论了这个回归模型,但是你在文章里找不到。我后来问唐老师是怎么回事,他说主编认为读者会讨厌这个东西,就给删掉了。

选择期刊的时候还有一个取向问题,就是说有的刊物偏重数据(data heavy),有的刊物是理论导向(theory driven)的。所谓的理论就是抽象的论断,我们明明在讲一个很具体的事情,偏偏用很抽象的概念,就是讲理论。喜欢文学的朋友知道,文学语言和日常

所谓理论研究,很多时候也不过是像作诗填词一样使用换字法。

131

语言不一样，日常语言比较朴素，文学语言有些莫名其妙的词，因为莫名其妙，所以有文采。鲁迅先生在一篇文章里说，文人形容山时，爱说"崚嶒嵯峨"，可是你要是让文人把这个形象画出来，他做不到。这几个字我念都不太会念，更不要说去用了。但是在文学作品里看到这几个字，你觉得很有文采。这一点在诗词里最明显，作诗填词靠才情，不靠学问，靠的是把大家都熟悉的字变成大家不熟悉然而又觉得雅致的字。所谓理论研究，很多时候也不过是像作诗填词一样使用换字法。

偏重数据的刊物要求你写实实在在的东西。换句话说，把很实在的名词置换成抽象名词，置换的层次越高，好像越有理论。当然，这种置换是有意义的，前提是置换时要小心谨慎，置换后要有增值功能，就是帮我们把问题看得更清晰。我们昨天提到，做学问有个从个体到殊相到共相的抽象过程。如果你能把前面那个很具体的论断提炼抽象成一个听起来有点概念性的论断，而且你能把因果关系、因果链条、因果机制提炼抽象到同等水平，那么你可以写两篇文章，前一篇面向偏重数据的刊物，后一篇面向理论导向的刊物。

更高效的方法是先写一篇很具体的文章，然后写一篇比较抽象的文章，再写第三篇很抽象的文章。这样做在学术界是完全许可的（fully legitimate），没人说这样做是切香肠。什么是香肠战术（salami tactics）呢？就是把一根香肠切成若干片儿，分别卖。做定量分析的人特别容易采用香肠战术，当然你也可以说这不是问题，是他们行当里允许的。做一个数据要花很多钱，花很长时间，如果最后发现只有一个有趣的因变量，那就很麻烦了。这个时候只好把研究结果切开，一片儿一片儿地卖。假定你可以用结构方程模型描绘清楚一种关系，有上游变量，有中介变量，有因变量，一篇文章就讲清楚了。但你也可以把它拆开来，把中介变量跟因变量放在一起是一篇文章，把上游变量跟中介变量放在一起是另一篇文章，把这三个加在一起又是一篇文章。这还算比较诚实的。比较不诚实的方法是把理论上应该是自变量的东西当作因变量来处理。这样做当然也不是完全不行。我们昨天讲到了，对任何一个现象都可以问一连串问题，复杂过程的每个环节都是一个因变量。如果认真看那些做定量分析的学者的履历，我们有时会发现有的人有好几篇题目高度相似的文章，说明这人可能在玩香肠战术。这可能不是什么大事，我们至少可以理解，花了那么多钱只写一篇文章，投入跟产出相差得太大。但是，我不会这样做。等你们比较资深了，不再面临生存危机的时候，我建议各位不妨考虑采取相反的战术，就是把本来可以拆分成三篇文章的东西写成一篇文章。这样的文章是完整的研究，能让人记住，对你学术地位的贡献可能大于三篇文章。

写作习惯、 读者意识、 文章结构

年轻学者和研究生很容易把研究和写作当成两个环节，觉得要先研究清楚，先想明白，然后再动手写。我认为这是误解，因为这假定了不动笔就可以把问题想清楚。这个假定对天才成立，对我们这样的普通人是不切实际的。我不知道各位的写作习惯，我是必须先把杂乱无章的想法落实在纸面上，这纸面上的东西既是我思考的对象（what I think about），也是我思考的工具（what I think with）。不动笔，我想不清楚问题，至少是想不深，想不透，想通了后面，前面的已经忘得差不多了。所以我特别强调动笔写，一开始写不好很正常，但一定要坚持写。我带的研究生问我应该什么时

写不出来怎么办？写不出来照样写，因为只有写的时候你的头脑才是主动的。写作是个很辛苦的过程，但写作过程就是研究过程。

候开始写博士论文，我总是说现在就开始，不管几年级，不管入学多长时间，现在就开始写。写不出来怎么办？写不出来照样写，因为只有写的时候你的头脑才是主动的。写作是个很辛苦的过程，但写作过程就是研究过程。

我总是跟学生说我只要求他们每天工作六个小时。他们说六个小时还不容易吗？然后我就开始界定什么叫工作。读书算不算工作？不算。上课算不算工作？不算。讲课算不算工作？不算。想问题算不算工作？不算。只有动手写才算工作，其他都不算。为什么这样强调写作，因为写作才是脑力劳动，才是智力工作。大脑的舒适状态是胡思乱想，说好听点儿是浮想联翩，是意识流。但这是放松，不是工作。人需要放松，但是永远放松是出不了东西的。只有写作时才是工作状态，你想写什么？写的东西是不是有根据？是不是人家早就说过了？这些问题都是只有在写作时才出现。有时候你觉得自己写了句废话。如果是我，也很高兴，第一，我写了一句话，第二，我发现这句话是废话。写作过程是研究进展的过程。我的论文定稿往往只有二三十页，但初稿可能有一百五六十页。整理的时候会发现有的话写过好多遍。发生这样的情况，不要觉得是浪费时间，感到很沮丧，觉得自己记性很差，写完以后就忘了，应该意识到终于找到要点了。这句话一定非常重要，不然不会反复想到它。我在美国读书时的一个老师（Anthony Mughan）说，一本书就是一篇文章，一篇文章就是一句话。你这句话可能就是这位教授说的那个可以支撑一篇文章甚至一本书的那句话。顺便说一句，在学术界出书比较容易，因为书的市场跟期刊的市场相反。虽然顶尖的出版社也很挑剔，但总的来说书的市场是个卖方市场，就是说，是作者的市场；期刊是个买方市场，是主编的市场。当然，很优秀的书是另外一回事，但总的来说，很多书基本上就是讲一个东西，而这个东西往往可以用一篇文章讲清楚。

还有一点是欧博文老师常讲的，也是我希望国内有才华的年轻学者听到的。学者发表东西有个发表记录（track record）。史天健老师有次跟我说，他在某个刊物上发了一篇文章，但他只敢发这一篇，以后不敢再在这样的刊物上发文章了，因为那会成为他记录上的一个弱点。有些学者在相互评价时不提人家发表的最好的文章，只注意人家发表的最弱的文章。有的时候，你功夫做到八成，有的刊物就给你发表了。但这样的刊物还是躲着点好，投稿时先从那些要求最高的刊物开始。你的文章写到八成就发表了，也许不会成为你的一个负资产，但是不会对你的学术地位有实质贡献。一篇文章没做到最好的程度，说明你停留在自己的舒适区，没突破自己的极限。文章容易发表是个诱惑。有些学者没成名时出些精品，成名以后就开始出垃圾，主要就是因为诱惑太多。你一旦成名，有些刊物就会降低标准。国内有些刊物还约稿，英文的刊物一般不会约稿。如果有约稿，那是多大的诱惑！要是哪一天《中国季刊》跟我约稿，那我肯定觉得自己登顶了，恐怕要飘飘欲仙了。这是诱惑，诱惑的下一步是什么？是堕落。所以，前些年我在中山大学说，一年发一篇好文章应该奖励三千，一年发五篇次文章应该罚款一万。如果有这样的规定，灌水文章就少了，我们的学术环境就比较健康了。当然，这是我乱讲。

不说这些大而无当的话了，我们来谈些具体内容。用中文写作和用英文写作是很不一样的。我们用中文写作可以很轻灵、很玄妙，用英文就写不了那么轻灵的东西了。学术文章就像德国人做事那样，一板一眼的，一个环节套一个环节，一步接一步。我们用英文写作，找什么样的东西来做样板呢？不妨去找已经发

一篇文章没做到最好的程度，说明你停留在自己的舒适区，没突破自己的极限。文章容易发表是个诱惑。有些学者没成名时出些精品，成名以后就开始出垃圾，主要就是因为诱惑太多。

137

表的比较优秀的论文。我昨天提到周雪光老师，他的文章的组织非常精密。如果对社会运动有兴趣，可以看看斯坦福大学 Doug McAdam 教授的文章。他的文章可以让你体会到每个段落第一句怎么写，结尾怎么写。他的段落衔接非常好，每个自然段的头一句是两个部分，第一个部分呼应前面的自然段，第二个部分开启这个自然段。结尾的一句也是两个部分，前半截把这段话总结出来，后半截把后一段拎出来。这是非常难做到的。如果做政治经济学，可以看看黄亚生老师的文章。我有个师弟说，黄老师绝顶聪明，看他前一段的结尾可能会产生一个疑问，可能觉得不大对头，有个诘难，但是你放心，黄老师下一个自然段立刻来回答你的疑问。这是何等高明？黄老师写文章时是完全掌控局面的。

我们拿围棋作例子。学围棋最难学会的功夫不是布局，不是死活，不是中盘，也不是收官，而是要明白棋是两个人下。这是聂卫平的老师过惕生先生告诉他的。写作也一样。写作不是一个人的活动，是一分为二的过程。我们写的时候既是作者，也是读者。写文章是跟自己对话，是自己拷问自己。如果我们只扮演作者这个角色，那就永远写不好。当然，既是作者

> 我们拿围棋作例子。学围棋最难学会的功夫不是布局，不是死活，不是中盘，也不是收官，而是要明白棋是两个人下。

我们必须把自己变成自己的读者，而且是吹毛求疵的读者，才可能看出问题。

又是读者这样的意识不容易建立起来。用欧博文老师的话说，我们写作时很容易迷恋上自己写的东西（fall in love with our own writing）。就是说，自己怎么看都觉得好，总觉得自己写得巧妙、选词精当，没有批判的眼光，这样写东西就可能出问题。我们必须把自己变成自己的读者，而且是吹毛求疵的读者，才可能看出问题。

具体讲讲文章结构。我要求博士生的论文有若干个版本。大家公认最难写的是三分钟版本。一篇博士论文可能三五百页，但要用三分钟把它讲清楚。这个三分钟版本实际上就相当于一篇文章的宏观结构，也就是摘要那几句话。我们看完一篇文章的摘要应该就知道它说什么了，很多情况下看完摘要文章都不需要读了。这个宏观的东西是最难写的，所以我们每天脑筋最清楚的时候千万不要去写脚注，要去想每段话的第一句话，就是怎样从上一个自然段衔接到下一个自然段。要把你的黄金时间放在这里，好钢用在刀刃上。我写文章时，到了关键阶段往往有几个不眠之夜，我知道不能停下来，停下来就可能前功尽弃。那个关键阶段在什么地方？就是这个宏观结构，就是摘要。写文章最难的部分就是把文章的骨干抓出来、把脉络看清楚。

把文章骨架看清后，还要注意文章的组织必须是线性的，一步步往前走，不能后退，不能拐弯，不能跳跃。我前天提到过，我刚到美国时，欧博文老师总对我的文章不满意。他说我写东西时总往后退，不是从 A 到 B 到 C 到 D。后来我想了一下，我没接受过写作训练。小时候光听老师批八股文，觉得文章规规矩矩就是八股。实际上，八股文的起承转合最符合人的思维习惯。各位如果愿意写计量研究的论文，可以看看一本叫 *Social Science Quarterly*（《社会科学季刊》）的刊物。我不知道现在这个期刊的编辑方针有没有变化，上世纪 90 年代这个刊物有个文本模板（template），非常清楚地告诉你先写什么，后写什么。比如说，要先讲研究假设，再界定因变量，再界定自变量，再讲变量的测量，然后讲回归模型，最后是分析和讨论。

我刚才已经讲到了，大脑的舒适状态是懒散的。研究论文应该像走路，一步一步往前走。这和我们平常想问题时那种懒散不相容。我相信各位都有过这样的体会，觉得自己写的东西东一榔头西一棒槌，懒懒散散，前后两句话完全不相关。这个时候千万不要觉得是自己本事不够，这其实很正常，因为我们的自然状

我们写文章写得很懒散，不要感到灰心，因为这是我们的自然状态。

态就是这样。哪个人走路姿势是完美的呢？哪个人一举手一投足大家就觉得很好看呢？如果是那样，就不需要舞蹈了。舞蹈演员在台上随便怎么动，大家都觉得好看，那是修炼出来的。我们写文章写得很懒散，不要感到灰心，因为这是我们的自然状态。

跟自己争才有意思。

大脑的另一个自然状态是跳跃。比如说先写了一句 A，再写了一句 D，中间少两个句子，少两座桥，应该是先从 A 过渡到 B，再过渡到 C，然后再过渡到 D 的。跳跃比懒散好一些，因为跳跃有确定的方向，懒散漫无目的。从 A 跳到 D，是头脑高度兴奋时很容易出现的状态。跟赶路一样，我们不一步步走，连蹦带跳。有的时候是思维跳跃，有的时候是想到了没写清楚。写作时出现跳跃是再正常不过的现象。我 2009 年写过一篇漫谈，说只有鲁迅先生这样的大天才可以打腹稿，写文章一气呵成。政治学界有没有人能做到呢？据说有，听说加州大学伯克利分校有个教授创造过一个奇迹，他从美国西岸飞到东岸，在飞机上写了一篇《美国政治科学评论》的文章。这样的人我们干脆远远地看看、仰视一下就好了，没必要跟他们攀比。如果我们围棋水平是业余五级，偏要去找专业棋手较量，那就是自讨没趣了。我们跟自己水平差不多的人竞争才有意思，严格点说，我们跟自己争才有意思。

总而言之，写作时出现以上问题都很正常，但是大家要弄清为什么出现这些问题。文章写得很散乱是因为我们没兴奋起来，文章出现跳跃是因为兴奋过头了。当然，有的时候，用英语写作出现的问题跟我们的汉语习惯有关系。如果你喜欢诗词，如果你想问题时不自觉地采用了诗词的思维方式，那么你写出来的东西一定是跳跃的。诗词没有跳跃就不成其为诗词了。诗词的那些韵味，那些让你产生新奇感的地方，都是在跳跃。但是，写学术论文时大家得老老实实地做八股文。如果有兴趣，可以去翻翻一本叫《说八股》的书，是启功、张中行、金克木三位老先生写的，看看起承转合是怎么回事。学者只能做八股文，不要去追求那些新奇的文体。八股文是汉语里最接近欧洲语言的文体，虽然它往往不明确讲如果、那么、因为、所以，但是相对汉语的其他文体来说，逻辑清楚很多。

对两段话的赏析

前面提到过，我在俄亥俄州立大学读书时，《美国写文章时要有 underlined sentences（重点句子），也就是说，别人读到这样句子时会画线标注。

政治科学评论》的编辑部恰好在那里。当时的主编叫 Samuel Patterson，他很提携年轻学者。他建议欧博文老师写文章时要有 underlined sentences（重点句子），也就是说，别人读到这样句子时会画线标注。如果你们用心去读欧博文老师的文章，会发现他每篇文章都有几个非常出彩的句子，在这一点上，他受益于 Patterson 教授的指点。裴宜理老师的文章也一样，每篇都有精彩句子，我们读到了就画重点号。写这样的句子，相当于画龙点睛，最见功夫。下面我就举两个例子让大家体会一下。先看这一段：

> When villagers come to view state promises as a source of entitlement and inclusion, they are acting like citizens before they are citizens. Certain citizenship practices, in other words, are preceding the appearance of citizenship as a secure, universally recognized status. In fact, practice may be creating status, as local struggles begin in enclaves of tolerance, spread when conditions are auspicious, and evolve into inclusion in the broader polity.

这是欧博文老师的一段话，看了以后觉得有让我们眼睛一亮的东西。第一句话后半句 they are acting

like citizens before they are citizens（他们尚非公民，然而行动如同公民）。读太快读不出味道来。这句话非常巧妙。

第一句讲中国，第二句就开始有递进了。大家不要觉得这个 in other words（换言之）是废话，in other words 后面跟的是更为抽象的语言，就是从个别进到了殊相。appearance of citizenship（公民权的出现）已经跟前边不一样了，已经升高了一层了，而下面的 secure, universally recognized status 是说公民权稳固了，公民成了被普遍承认的身份或地位。所以，虽然他说的是"换个说法"，但其实每一句都让人觉得是在讲一个新的道理。第三句更进一层，因为他最后讲的是 inclusion into the broader polity，就是被包纳入更广义的政体。这三句话从个别、到殊相、最后到共相。

我们再来仔细看这第三句话。它实际上是说公民权利是怎样形成的。在任何地方，公民权都不是自然而然的，都有个在与国家权力斗争中成长的过程。权利（rights）和权力（power）永远有矛盾。"权利"的观念在欧洲也是到了近代才发展起来的，从自然权利、天赋人权开始，洛克、霍布斯、卢梭这些哲学家的学说在欧洲思想史上的革命意义就在于他们开始给政治权力划定不可逾越的边界。欧博文老师最后这句话实际上是在总结公民权是怎样形成的。一开始只是一个做法或实践（practice），等这个做法或实践稳固以后，就变成了地位（status）。后面还有一个很有意思的词叫local struggles（区域性的斗争），就是说，权利不是轻易得到的，掌握权力的人都贪心，如果对权力的限制没有刚性，权力就膨胀得无边。这里就讲到，争取公民权的斗争开始是在当权者容忍的有限领域展开，条件合适，逐渐演进为政治包纳，最后确定为公民权。

　　当然，你可以批评欧博文教授在这里说了一串车轱辘话，讲了一串不可证伪的东西，不可证伪当然就没有科学性了。比如说，在什么情况下公民权会扩展呢？他说是条件合适的时候。做实证研究的人会觉得这是讲车轱辘话，什么样的条件叫合适呢，怎样的情况下算条件合适呢，怎样去延伸呢？没关系，他给了你提问题的机会，尤其是最后一句，实际上里面隐含了一个因果关系。对做计量分析的人来说，这可能就是研究的起点。这里的因变量就是公民权的延伸，是可以测量的。一个人的权利有多少，一群人的权利有多少，一群人在不同时间的权利有多少，都是可以测量的。还有个自变量，也就是条件，条件的合适程度是可以测量的。这样就有研究假设了。定性研究和定量研究是有关系的。如果我们看那些写得比较好的定性的文章，会发现里面包含了很多研究假设，困难在于很多东西很难测量，很难操作化。

这是很简单的一段话，我们细读可以读出逻辑层次，读出研究假设。这段话是不是很聪明？确实很聪明。不过，我可以告诉各位，欧博文老师写出来的文章很聪明，但是他写作的过程并不舒服，他的文章是磨出来的。他可以每天坐在电脑前用几个小时琢磨一个自然段，我就没那个耐心。他每天早上到办公室就从文章的第一句开始读起，一直读到他昨天结束的地方，这个过程中发现有什么不妥的地方就修改。所以他自嘲说，他的文章前半截好，后半截差，因为前半截花的时间多，后半截用的时间相对少。我看不出来他的文章前后质量有什么差别，但我知道他写文章真是个精雕细琢的过程。精巧的写作有个巨大的正面效果，就是你看了以后不容易忘掉，你做研究时很容易想起来，很容易引用它。像农民尚非公民而行动如公民这样的妙语，看了以后就忘不掉。我敢担保，如果你以后写文章讨论中国的公民权利，讨论公民权利的成长点，讲它的演进趋势，那你一定会引用欧博文老

一句话写好了，让记忆力普通的人过目不忘，这是精妙的写作能发挥的正面效果。

师这篇文章。一句话写好了，让记忆力普通的人过目不忘，这是精妙的写作能发挥的正面效果。

下面我们看看裴宜理老师的句子。我挑了两句。

In an authoritarian polity, where elections do not provide an effective check on the misbehavior of state authorities, protests can help to serve that function——thereby undergirding rather than undermining the political system.

In China, unlike Eastern Europe or the former Soviet Union, both leaders and ordinary citizens know how to put the genie of mass protest back into the bottle of state socialism.

裴宜理老师的句子会让你感到像中文的对仗。汉语有种文体叫骈文，是四六句的结构，四个字，六个字，四个字，六个字，这样读起来很有节奏感。裴宜理老师的句子读起来也是这样的感觉。她的第一句也是你看了以后就忘不了的。她说中国这样一种威权政治没有选举，对国家权威的不良行为没有有效的约束，在这种情况下，群众的抗议可以发挥有效的限制（effective check）。破折号后面的 thereby undergirding rather than undermining the political system（支撑而非架空政治体制）最好玩儿，这是个亮点，你讨论中国的民众抗议对政体到底是什么效果，不管你是赞成还是反对裴宜理老师的观点，你都要引用她这句话。如果你同意，那你就引用这句话来支持你的观点；如果你不同意，这句话就是你最好的靶子。哈佛大学的教授不是最好的靶子吗？你跟哈佛大学的教授辩论，是有赢无输的。就像你打篮球，如果对手是姚明，你输了也很光彩，问题是姚明不跟你玩儿。学术界不一样，在学术界你是可以选择对手的。

后面这句也一样精妙，但走得稍微远了点，我是不会这样写的，欧博文老师也不会写这样的句子，因为这句话太清楚。写文章确实要清楚，但是一个不加任何限制（qualification）的清楚句子比较容易有弱点。裴老师说，在中国，不像在东欧，也不像在苏联，领导人和普通公民都知道如何把群众抗议这个魔鬼重新装回到国家社会主义的瓶子里。这样讲可能有点问题，因为这句话隐含了一个假定，就是假定中国政体的能力是无限的、资源是无限的，只要它下定决心，就可以终止社会抗议。这个假定可能不成立。当然，从写作的角度来看，这句话很精彩。大家都知道《一千零一夜》里那个比喻，把瓶子打开了，魔鬼就跑出来了。

这个比喻在原初的意义上是说，魔鬼放出来就收不回去了。我们都记得《水浒传》第一回冯太守硬要去揭那个井盖子，结果就跑出来了一百零八颗灾星，三十六颗天罡星，七十二颗地煞星，水泊梁山的一百零八将就出来了。一直到最后也没把他们都收回去，有的人遁隐江湖，不能说是收回去了。裴宜理老师这个话，一反比喻的原意，说魔鬼可以收回瓶子里。我觉得稍微过了一点。当然，稍微过头的话也有好处，就是其他学者可以拿它当靶子。我就是这"其他学者"之一。如果我们站在一个比较玩世不恭的（cynical）角度来看学术界，会发现"片面的真理"才有卖点，四平八稳的文章往往无人问津。

如果我们站在一个比较玩世不恭的角度来看学术界，会发现"片面的真理"才有卖点，四平八稳的文章往往无人问津。

　　刚才这两个例子说明，学术界写作有两种不同的风格。欧博文老师是求全求稳的，他往往对断言（assertion）进行限制，把它变成陈述（statement），再限制，变成条件陈述（conditional statement），还限制，变成研究假设（research hypothesis），最后甚至变成猜测（guess）或猜想（speculation）。所以，他的文章极少有明显的漏洞，极少看到那种可以立刻拿来当靶子的说法。裴宜理老师是一种不同的写作风格。两种风格都值得我们认真学习。

结语： 急用先学， 立竿见影

总结一下，我刚才讲了半天方法，希望大家树立这样一个观念：方法是工具。我们不可能，也没必要掌握所有的工具。我对研究方法的态度是彻头彻尾的实用主义，干什么活，就用什么工具。我每次讲统计课都告诉学生，这个课程结束后，如果你说"李老师，我再也不怕统计了"，我就完全满足了。不怕了就是学会了，敢用了就是学通了，用对了就是学精了。这是我今天讲的第一点。

第二点是关于写作的。我强调两个方面。第一，既然发表是为了生存，保饭碗，我们在选期刊时就要看看那些有权拿走我们饭碗的人想要什么，他要什么，我们就给什么。第二，跟下棋一样，写论文时要把自己一分为二，既是小心翼翼的作者，也是吹毛求疵的读者，这样文章就能写好了。

写论文时要把自己一分为二，既是小心翼翼的作者，也是吹毛求疵的读者，这样文章就能写好了。

第五讲
期刊投稿

引言： 如何学英语

这段录像是前苏联列宁格勒交响乐团的指挥穆拉温斯基排练舒伯特的第八交响曲《未完成》第一乐章的开头几小节。乐队刚演奏一点儿，老先生说"重来"。再演，老先生又说"重来"。他没办法用语言告诉乐队他到底要怎样的效果，就把那个调子哼出来，然后说"这样演"。开头这几小节，排练了好几次，他要的声音终于出来了。老先生很高兴，说"很好"，又说，"努力记住，就这样演"。

写论文也是这样一个过程。昨天讲到，写作时要把自己化为两个角色，一个是写的人，另一个是读的人。在交响乐团的语境里，演奏员是作者，指挥家是读者。指挥家跟演奏员有什么区别呢？我们可能觉得指挥家好像就是站在指挥台上做做样子，乐队并不理会他。实际上不是，演出时指挥家给乐队定调掌握节奏。指挥家更重要的作用体现在排练过程中。就像我们刚才看到的，穆拉温斯基先生脑子里有他对音乐的理解，有他自己理想的声音，他设法让乐队把这个声音演奏出来，只要有一点不合适，他就停下重来。我们写作时当作者比较容易，真正难的是当好读者。如果我们没有高品位，就很难判断自己写的东西究竟好不好。另外，我们读其他学者的文章，当个好读者比较容易，大家都喜欢挑别人的刺，也擅长挑别人的刺。可是，挑自己的刺就难了。所以《马太福音》提醒我们：为什么看见你弟兄眼中有刺，却不想自己眼中有梁木呢？

我们暂时不谈自我批评的难能可贵，先讨论批评的前提，就是培养高口味，掌握和提高写作能力。用中文写作已经很难了，怎样才能提高英文写作能力呢？很坦率地告诉各位，我没办法，因为我自己也过不了这一关。但是我在教学过程中遇到了很多学生问怎么学英语，我倒是有点体会，今天先跟大家讲讲学英语的基本路径。

> 我们写作时当作者比较容易，真正难的是当好读者。如果我们没有高品位，就很难判断自己写的东西究竟好不好。

我们在学语言时一定要下功夫背课文，背时不能随心所欲地背，应该严格模仿英国人或美国人。

学英语首先要调整一个观念。我们学母语的顺序是听、说、读、写。很多老师教英语时，也说要按照听、说、读、写这个顺序。实际上，成年人学习非母语的顺序不是这样的。我们过了 12 岁，自然习得语言的能力就没有了。学习第二语言的顺序应该是读、听、说、写，这个顺序也体现难度的递进。我们首先要学会读。读是读文章，不是记单词。应付考试，必须背单词。但如果以学好英语为目标，我建议大家不要背单词，要背课文。背单词是最笨最无效的办法。我上大学时，每天早上学校各个角落都是读英语的人，每个人手里拿个纸条、拿个小本，念念有词。但这样做不管用，因为语言不是由单词组成的，最小的语言单位是句子，句子又离不开上下文，即语境。所以我们在学语言时一定要下功夫背课文，背时不能随心所欲地背，应该严格模仿英国人或美国人。如果你想怎么念就怎么念，背得越多，学得就越不准。

有的同学说自己记性不好，背不下来，我觉得这是不可能的事。我昨天晚上看了一点 NBA 集锦，里面讲到雷阿伦（Ray Allen）投三分球特别厉害。他的教练说，如果雷阿伦不是最佳三分投手，那才奇怪了，因为只要有机会，他就在练投三分球，每次练的时候，他都全神贯注。这两者都极为重要，一是反复练，二是每次练都全神贯注。我再举书法的例子。启功先生是大书法家，也是大学者，大教育家。他说，功夫是准确的重复，不仅是重复，而且是准确的重复。要准确，就得全神贯注。应付差事的重复没用。启功先生说，教书法有个诀窍，就是像小孩描红一样去临摹。真正练书法，这个功夫是不能少的，而且是真正入门后还要下这个功夫。准确的重复实际上是学艺术、做学术共同的诀窍。学英语也是一样的，就是背课文，不要怕听一遍记不住，听一百遍背不下来都没关系。听一百遍背不下来就听两百遍，我不相信记不住。

准确的重复实际上是学艺术、做学术共同的诀窍。

要学好英语，得过一个很重要的心理关。前些年我跟国内一位很著名的学者在波士顿开会。我们住一个房间。他告诉我，他跟美国顶尖大学的中国问题专家讨论中国问题时，那些学者很佩服他，说只要他会英语，那他就是世界上最顶尖的中国问题专家。他跟我说，他下决心花一年时间学会英文。他讲这话的时候，神情挺刚毅的，显然是下了很大的决心。对他来讲，花一年时间来学英语是很了不起的投入。我当时很不客气，断定他学不会英语，因为他太聪明了。他不服气，我就跟他解释。各位一定明白我说的道理。

我学英语一个月没进展，不会着急，学了三个月没进展，我也不会着急，因为我知道我不是天才，虽然不笨，但不是绝顶聪明。但是，像我这位聪明绝顶的朋友，一个月不见长进，他会觉得这个月本来可以写一篇文章，三个月还不见长进，他会觉得这三个月本来可以写本书。这样聪明的人怎么可能花一年的时间专门学英语呢？这是不可能的事。我们如果要学英文，一定要对自己有耐心，千万不要觉得，没感到有进步就是没进步。很多时候，进步是觉察不到的，因为我们的脑力、研究能力、思维能力的提高，是看不见摸不着的，需要很长时间才能体会到。

刚才讲到背课文。背课文有什么用呢？我的体会是，把课文背下来，这段话就刻在你的脑子里了，就像牛、羊这样的反刍动物把草吃进肚子了，吃下去可以反复咀嚼，记住了可以反复在脑子里琢磨。如果你没把成段的话装在你的脑子里，就没条件反刍，没办法反复琢磨、反复体会。要培养语感，必须要反刍，不记诵成段的话无法体会语言的韵味。有的教育家认为，可以在孩子小的时候让他死记硬背一些经典、诗词，虽然他不理解，但是长大以后他可以不断反刍。我觉得有道理。

读课文，听外教上课，甚至去国际会议做论文发表，对提高英语水平都不怎么管用。这些努力都是浅层次的，没办法让你达到一个非常深的层次。佛法里有个说法叫"一法通，万法通"。不管哪个行当，不管是写书法、打篮球、做生意、唱戏，只要达到了一个行当的最高水平，说出来的道理都一样。雷阿伦是打篮球的，他投篮准确的诀窍很简单，就是有机会就练，每次练的时候，每次出手的时候，都全神贯注。启功先生说，练书法就是要下功夫，功夫就是准确的重复。他跟雷阿伦讲的道理完全一致。学英语背课文也是一样的道理。我相信各位都背过课文，如果没下过这个功夫，不妨从今天开始试试。我虽然已经过了五十岁，现在学德语仍然下功夫背课文。当然跟二十年前、三十年前相比，现在背起来难多了，但我知道这个功夫必须下。不下这个功夫，就永远不可能"通"，永远不可能学好一种语言。

其实很多人都懂得这个道理，只是做起来很难。为什么难？因为人的天性是害怕枯燥，重复最容易让人感到枯燥。我们不可能完全避免枯燥，但可以尽量降低枯燥程度。对学英语来说，背什么样的课文呢？一定要选自己喜欢的课文，不仅喜欢内容，还要喜欢

人的天性是害怕枯燥，重复最容易让人感到枯燥。我们不可能完全避免枯燥，但可以尽量降低枯燥程度。

录音教材的声音。如果我们觉得课文内容不美，声音不美，那是没办法去反复回味的。只有美的东西，你才可能不自觉地不断回味。打个比方，如果你去听"文革"期间《新闻简报》的解说词，你会觉得汉语冰冷生硬，但你去听夏青先生读唐诗，会觉得汉语非常优美。所以，我们在选择要背的课文时，一定要选择你觉得非常美的语言，这样你才能真正把它融入自己的语言体系中去。

只有动手翻译才能真正过阅读关，因为翻译时才知道原来自己不是真懂，不是全懂。

要突破英语写作关，除了下功夫背课文，还要翻译点东西。学英语的时候，泛泛阅读这一关比较容易过，但是只有动手翻译才能真正过阅读关，因为翻译时才知道原来自己不是真懂，不是全懂。我们要学会英语写作，必须过的关就是要对英文有准确的理解，知道英文里一个词跟另一个词的微妙区别。比如，我们在讲述别人的研究时，有很多词可以选择。最轻的是某某人声称（claim），这是表示有点怀疑，不太信服；如果相当不信服，那就用断言（assert）；如果还想更负面一点，那就用宣称（allege）；如果想比声称（claim）肯定一点，那就用暗示（suggest）；比暗示（suggest）再强一点可以用论证（argue）；最肯定的词是发现（find）和指出（point out）。这些词有不同的含义，不同的色彩，能不能准确用这些词会影响投稿的成功率。我们用现有文献论证我们的研究有独创性时，每句话都针对一位学者，我们的文章很可能会被这些学者审稿，他不一定关心我们怎样评价其他学者，但一定关心我们怎样评价他。你稍微有一点点不公平，他就可能枪毙你的文章。如果你本来很公平，因为选词不当造成误会，那不是很冤枉吗？所以，要过写作关，必须对词有准确把握。要体会词的微妙差异，只能靠翻译。在翻译过程中我们可以培养一种敏感，体会作者为什么用这个词，不用那个词，两个词的微妙区别在什么地方。泛泛阅读很容易跳过去，翻译时必须一字一句下真功夫。如果能准确翻译十万字，那么阅读就基本过关了。当然，如果译得错误连篇，那还是过不了关的。还是启功先生那句话：功夫是准确的重复。

翻译时必须一字一句下真功夫。如果能准确翻译十万字，那么阅读就基本过关了。

　　总而言之，学语言就是要把它变成你自己的语言，要让它跟你自己的生活融为一体，变成一种你表达自己的感觉、感情、思想的媒介。下功夫背点课文、做点翻译是突破英语写作关必需的铺垫。如果我们对语言没有深刻体会，就不能辨别哪篇文章比较好，哪篇文章比较差，就永远没办法提高写作水平。眼界高了，手上的功夫才能跟上，眼界不高，手上的功夫是不可能跟上的。

匿名评审：把关与奉献

我们现在进入正题。学术发表都得过同行评审（peer review）这一关。大家平时听到的更多的可能是抱怨，说审稿人不公平、太粗暴、太负面。但我可以告诉各位，我们现在收到的审稿意见已经比二十多年前正面多了。二十多年前欧博文老师和我给《中国季刊》投稿时，反馈给我们的评审意见是打印好的，但是审稿人对文章的积极评价都被墨涂掉了，能看到的只有批评意见。那么，为什么会有这样的制度设计呢？

我们要知道，期刊的主编只是某个领域的专家，他的眼界是有局限的，需要靠研究相关问题的其他学者判断稿件值不值得发表。在竞技体育里，不同的项目有不同的裁判，跳水有跳水的裁判，体操有体操的裁判，体操还分很多，自由体操、单杠、双杠、吊环、跳马，都有不同的裁判。主编可能是学跳水的，如果投来的稿子是讲自由体操的，他就没法判断了，一定要找个研究自由体操的人来判断文章的质量，判断是不是突破了学术界的极限。

　　顺带提一句，我前几年去上海时，有位年轻老师说他给某个刊物投稿，主编回信希望他提名几位审稿人。他看到邮件以后有点懵，不知道主编是不是真的想让他提名，他没提。这是误会主编了。人家让你提名就提名好了，这只不过说明他们一时找不到合适的审稿人。我们在写文章的时候，尤其是在文献综述时，可以多下点功夫。有的学者会采用个做法，叫 planting referees，字面意思是种植审稿人，像种树一样。其实就是暗示主编谁比较适合审你的文章。这当然需要很高明的技巧。我没当过主编，但我猜想他们是根据导言和文献综述来选择审稿人。你引用谁最多，谁就最有可能被主编选中当审稿人。另外，各位一定要注意，你的批判矛头对准谁，谁就最可能当审稿人。如果你明确批评一个人，说这个人研究做得很差，说他什么地方有什么问题，那么主编的第一反应就是要请这个人出来跟你对话。正因如此，我们写文章时尽量不要说别人做得不好，可以批评，但一定要严格把握分寸。还有一个分寸要把握好，跟你的研究兴趣比较接近的学者里，可能有的人做研究十分优秀，但也出了名的严格，非常不留情面。有的年轻学者可能会投机取巧，为了躲开他，写文章时故意不引用这个人的东西。但这是个非常高风险的举动。英语里有个说法，Murphy's Law，你担心什么事情，就出什么事情，你有意回避这位学者，很可能你的文章就偏偏落到人家手里。一旦落到这个人的手里，你的文章一定会被枪毙掉，因为你居然不引用他的文章，那不是等着被他修理嘛。

> 匿名评审就是让做相似研究的人指出作者的盲点，这对作者帮助很大。

我们每个人都有自己的局限性，但是往往自己意识不到。你眼睛平视往前看的时候，视野是有限的，看不到的地方就是我们的盲点。开车的朋友一定更有体会，开车时是有盲点的，如果不留心这盲点，就很容易出事故。我们做研究也一样，不管怎么修改，还是有盲点，匿名评审就是让做相似研究的人指出作者的盲点，这对作者帮助很大。我们学围棋，最好的手段是实战，但实战完了还要复盘，复盘是个很好的提高过程，复盘时要有高手在旁边给你指点。匿名审稿就相当于在复盘时有个高手在旁边指点，告诉你哪个地方下错了，哪一手效率不高，哪一手过分，是无理手。各个刊物的主编都会要求审稿人提出建设性的修改意见。所以这在旁边指点的高手还会告诉你怎样下比较好，帮你摆几个变化。

这也就是说，按照设计，匿名评审制度应该发挥两个同样重要的功能。第一是把关。你做的东西如果只突破了自己的极限，没突破学术界共同的极限，那是没用的。你尽了120%的努力，但是如果对学术界来讲你只达到了95%，你的论文就没机会发表；如果你的研究水平达到了学术界现有的最高水平，达到了100%，发表的机会仍然是零。但是，如果你达到了101%，突破了1%，那么你发表的机会就应该是100%。审稿人看到稿件后，首先判断这个研究是否已经达到了现在的最高水平，是不是有新东西。这是审稿意见前一两个自然段的内容。如果他认为已经有了1%的突破，那么文章就应该发表。问题是，如果作者看到这一部分的意见，肯定会觉得自己的文章应该发表。审稿人都说这篇文章有新贡献了，如果不发表，那肯定是主编有问题。或许因为这个考虑，二十年前《中国季刊》的主编会把正面的意见涂掉。

除了把关，匿名评审还有第二个功能，就是促进。当然这是正面说法，负面看，就是榨干。正常情况下，我们把稿子投到某个刊物，一定是做到了山穷水尽的地步。如果有人没做到山穷水尽的地步就投稿了，那他还不成熟，甚至可以说不够严肃。关于这一点，我多说两句。学生与学者有个质的区别。本科生也好、没尽到百分之百的努力，稿子是不应该投出去的，否则可能给你造成很大的伤害。

研究生也好，做研究时身边永远有个裁判兼教练，就是老师或导师。前两天提到过李零先生的说法，老师有责任判断学生做得好不好。但是，一旦博士毕业，身份从学生变成学者，身边就没有这个裁判兼教练了。你就是你自己的裁判兼教练。没尽到百分之百的努力，稿子是不应该投出去的，否则可能给你造成很大的伤害。参加国际会议更是如此，没尽到百分之百的努力，就在国际会议的讲台上讲你的研究，那是拿你自己的学术声誉开玩笑。年轻学者一定要抵挡这种诱惑，否则就可能给自己挖个很大的坑，再也爬不出来了。

好，回到正题。你已经尽力了，审稿人也同意你超越了学界的极限，有新发现，他是不是就痛痛快快建议主编发表呢？偶尔会这样。一般来说，审稿人不会这么爽快，他还会压榨一下，看作者是否还有油水。当然，我这是从作者角度看问题，觉得作者真可怜。从审稿人角度看，他可能觉得不是压榨作者，而是善意地督促作者，确保作者把全部力量都发挥出来，把研究做到最好的水平。这是审稿意见第二部分的内容。认真审过稿件的朋友都知道，这一部分更难写。审稿人要站在作者的角度去看怎么把文章改得更好。公平的审稿人对作者有两个假定：一是他有盲点，二是他一定有能力克服盲点。二者缺一不可，第二个尤其重要。匿名评审要做的不仅是把这个盲点找出来，还要告诉作者怎样从 101% 做到 102%，甚至更高。这就是匿名评审的第二个功能。这个功能是建设性的，就是促使作者把研究做得更好，再提高一步。你已经做到了 101%，还督促你做到 102%，103%，104%。

从制度设计上说，匿名评审就是这样一种健康的制度。它的本意是提供一个公平的学术市场。前面说过，学术市场跟我们平时讲的市场不太一样。比如，在手机市场里，苹果手机有它的定位，华为手机跟苹果手机有竞争，但不在同一个平台竞争，它们面向的顾客群不同。学术市场不是这样，虽然学术研究也有非学术的顾客，但学者心中的顾客是其他学者。所以，学术界每个人都是生产者，然而产品是要卖给其他生产者，也就是其他学者。就好比华为手机要卖给苹果，苹果手机要卖给华为。更恰当的比喻是，华为手机做出来以后能不能上市，是苹果、三星、小米、诺基亚说了算，只有华为、三星、小米、诺基亚这些厂家同意 iPhone 6 比 iPhone 5 高明，苹果才能把 iPhone 6 拿到市场上卖。你研究中国的经济发展，另一个学者也研究中国的经济发展，你必须让那个学者承认你的研究做得好，这有多难？

学术评审这两个功能都很光明正大，为什么要匿名呢？我的理解是，学者也是人，有社会生活，学术界也是社会。老师可以批评学生，但学者之间必须互相尊重。许多批评意见，不能当面谈，否则太不讲情面。匿名就是让大家不用担心彼此冒犯，不要担心这次我枪毙了你的文章，下次你就要枪毙我的文章。如果那样，评审就变成了破坏力量，不是建设性的了。所以，审稿需要匿名，而且是双向匿名，审稿人不知道作者是谁，作者拿到反馈以后也不知道审稿人是谁。当然，你在学界的时间长了，有时很清楚你评审的文章是谁写的。尤其是现在，往往在网上一搜就搜到了。有些年轻学者会犯一个错误，写完文章以后，知道哪个老师对他比较友好，而且很可能会审这个稿子，就把文章先发给这位老师。至少在我这里，这样做会起反作用。我本来可能同意审这篇稿子，你告诉我以后，我就不能审了，因为我必须照规则做事。

另一方面，你收到了审稿意见，往往也就知道了审稿人是谁。比如我自己就遇到过一位审稿人，她审稿子非常严格，每次都摆出个架势，好像非把作者最后一滴油榨出来不可。我觉得已经努力到100%了，她说不够，你还应该努力到 110%。我说已经做到 110% 了，她还说不够，你要做到 120%，但是她十分公平，我真到达极限了，她肯定会开绿灯，因为她知道我已经山穷水尽了。我知道她是谁，她也知道我是谁。我非常感谢她，但我在评她的文章时还是该怎么评就怎么评，我也不会当面感谢她。这是匿名评审的正常运行。我们可以想想看，在中文学术圈建立这样一种制度有多困难。我不是说没有希望，但要慢慢建立一种健康的制度确实是很困难的。

刚才我们说了，匿名评审制度一方面是把关，另一方面是督促作者把已经做得很好的东西做得更好。这两个功能都非常理想，为什么现实中还会出问题，为什么大家对匿名评审有那么多抱怨呢？这就是人性的问题了。人创立的制度没有完美的，因为人本来就是不完美的。我们评判一个制度时，不是看它是不是完美，而是看它优点多于缺点还是缺点多于优点。在政治生活、社会生活、经济生活中，不要期待有个完美的东西。一个东西完美，那它一定不现实；一个东西现实，那它不可能完美。完美与现实是不兼容的。匿名评审制度不完美的地方，或者说它现实的一面，主要是因为学术界有竞争关系。有时候，审稿人跟主编的沟通也会出问题。审稿人可能内心承认你已经做到了101%，但他评价时用词让主编觉得你只做到了100.1%。101%和100.1%很不一样，主编一般不愿意冒风险。大家都知道，学术刊物同样是个市场，在自然科学界里，如果《自然》和《科学》这样的权威期刊撤稿，是很重大的事件。比如前不久那位日本女科学家被《自然》撤稿，是个很大的事。所以，越是重要刊物的主编，就越小心、越保守。这时，如果审稿人在本来应该积极肯定的地方有点保守，就可能影响主编的决定。

还有，审稿人在评审过程中会指出作者很多缺点、很多问题。如果说他要作者从101%做到102%，这个要求是合理的。但如果他要求你做到105%，就有点不合理了。如果他要求你做到110%，那么你很可能做不到。所以，审稿人可以以一种很有建设性的方式毁掉你的文章，有时是故意的，有时不是故意的。比如，他说这篇文章可以从四个方面修改完善，前三条你都可以做到，第四条做不到。这时，主编有很大的裁量权，作者有没有相应的应对技巧也起很大作用。

和主编打交道：投稿

我们下面讨论些具体的问题，比如投稿时，应该怎么给主编写信，修改时要等多长时间，改完后怎么给主编写信。期刊的主编就像足球场上的主裁判，说一不二。当然，主裁判在裁判过程中要听别人的意见，比如判断有没有越位，他要听边裁的意见。但是，最后裁决权在主裁判手里，他说球进了就进了，他说没进就没进，你没什么办法。主编即使出错，你也没办法讲理。刚才也提到了，越是好的刊物的主编，就越保守，越是倾向于不求有功但求无过。有个刊物的审稿指南里有这么一条，让审稿人判断这篇文章发出来会不会让这个刊物感到难堪。很明显，期刊不那么在乎这篇论文有没有学术价值，更在意这篇文章发出来以后会不会影响刊物的名声。前些年有个苏卡尔事件（Sokal affair）。一位物理学家胡编乱造了一篇后现代主义的论文发在后现代主义最权威的刊物上，主编和审稿人居然都没发现这篇文章是伪造的、故意嘲笑他们的，这只能说明这个刊物水平太差。大家如果有兴趣，可以看看华东师范大学刘擎教授对这个事情的评论。总而言之，期刊的主编都非常小心，如果审稿人暗示，甚至明确告诉他，发表这篇文章有风险，他肯定不愿冒这个险。

投稿信的第二段就直接决定了这篇文章能不能过这一关。这一段里，三个要素都不能少：问题是重要的，研究是原创的，表达是清晰的。

那么怎样写投稿信呢？首先，这个信要写得非常简单。每个刊物每天有那么多稿子，主编没时间细看，助理主编也没时间细看。所以，这个投稿信（cover letter）一定要写得很简单。第一句话说我给贵刊投了一篇稿子，希望贵刊考虑能否发表。第二段是文章摘要，说明这篇文章究竟有什么内容。这部分写得好不好直接决定文章能不能进入评审。前面我说过，最近这些年直接拒稿（desk rejection）越来越多。以前不管稿子好不好，主编都会送出去审。现在稿子太多了，不可能都送出去。中国研究的刊物来自大陆的稿子太多，没办法处理，所以现在有个初审，初审过了才送出去匿名评审。投稿信的第二段就直接决定了这篇文章能不能过这一关。这一段里，三个要素都不能少：问题是重要的，研究是原创的，表达是清晰的。

拿欧博文教授、刘明兴教授和我 2012 年发表在《中国季刊》上的这篇文章作例子。投稿信第二段，一开始就说我们研究的是上访高峰。我们不直接说这个问题多重要，但我们说明我们研究的是什么问题。当主编的人立刻就会注意到，这是个比较重要的问题。接下来我们强调这篇论文新在什么地方。这里有个词是"非正常"（non-normal）上访，这是英文文献里讨论不多的现象。写在摘要里，就等于说文章有这么个亮点。摘要结尾讲一下研究发现的重要性，也就是评审标准里要求的"较大的意义"（larger implication）。不管怎么讲，结尾一定要强调一下你的研究有"较大的意义"，这样至少有助于不被直接拒稿。

投稿信的第三段非常简短。我们知道，国内的学术发表有个非常不健康的现象，就是一稿多投、一稿多发。我有一次做中文文献检索，注意到有篇文章有二十来个版本，作者是个很有名的学者。我感到非常奇怪，这个人怎么这么不自重。一句话说一遍，人家还觉得很新鲜，说两遍，人家已经觉得有点烦了，说三遍，人家就看不起你了，说二十遍，那就把本来有点新意的东西变成垃圾了。在英文学术圈，所有的刊物都明确要求文章一定是没发表过的，一定不能正在其他刊物评审。所以，投稿信的第三句话就要声明这个稿子没投到其他刊物。有时还要说这个论文没以任何形式、任何语言、在任何地方发表过。

除了声明这篇文章没发表过，我们的投稿信结尾是：Thank you for your consideration and we look forward to hearing from you once the refereeing is complete（谢谢你考虑我们的稿件。我们期待着评审完成后听到你的消息）。很多年轻的学者往往只说"I look forward to hearing from you"（我期待着听到你的消息），这样写可以，但不太委婉。这也是我们要很细心地体会英语的原因。

这就是投稿信的三段论。当然还有些细节问题。比如，有些刊物要求提交两个版本，一个是 identified version（署名版），一个是 anonymous version（匿名版）。现在电子邮件投稿比以前方便多了，但这个功夫也要做的。两个版本的区别可能就是有没有带作者信息的标题页。你可能觉得，主编把这一页删掉了不就行了嘛。不行，我们投稿是去求人家，你不能指望人家给你多做一点点事情，所有你应该做的事情一个都不能少做。前面提到过，不同的期刊有不同的格式（style sheet），有的要尾注，有的要脚注，有的要文中注。你不能说，主编，你先看看稿子行不行，你觉得行，我再按照期刊要求的格式修改。这样不行，一点懒也不能偷。匿名版与署名版要标得很清楚。匿名版不能让读者在任何地方看出来作者是谁。有时我们用第一人称来写文章，文章难免提到自己已经发表的论文，这时要注意，注释必须有编号无内容。否则，如果主编比较宽容，觉得这是无心之过，可能放过去，如果遇到严格的主编，就可能退稿，因为你泄露了自己的身份。这些细节我们一定要小心。

和主编打交道：修改后再投

最近这些年，学术界的考核越来越量化，刊物之间的竞争也越来越激烈。为了吸引学者投稿，各个刊物都开始尽量缩短出版周期。几年前，学界的约定是从稿子投出去到收到评审意见一般需要三个月。不到三个月，不能给主编写信询问；作者一般会等三到四个月，五个月就太长了。我有位年轻的同事，投了稿九个月没回信，他也不问。我告诉他不能等这么长时间，审稿人不回信，主编不能主动去催，你写信给主编，主编才能去催。我们刚才讲到了，匿名评审完全是做贡献，你怎么能让主编主动去催呢？

稿子投出去，初审结果一般都不会让作者高兴。只有很少情况下，审稿人会说这篇文章写得很好，建议发表，或者说只需要做很小的修改。我这二十年投稿经历中，只有一次是审稿结束后主编说改一改就可以发，因为三个审稿人的意见非常一致，都很正面，没要求做重要修改。这是个例外，而且这篇文章被一个顶级刊物婉言拒过。顺便提一句，拒就拒了，还有必要分怎么拒吗？有必要，刊物的质量高低，主要标志之一就是主编怎样拒稿。好主编会很认真地写拒稿信，具体告诉作者审稿情况，刊物的录稿情况，甚至清楚建议怎样修改，改后投到什么刊物。刊物档次越低，主编的拒稿信越写得傲气十足。

稿子直接被接受或者只需要小修小改，是投稿的最佳结果。一般情况下，审稿人不会轻易让稿件过关，尤其是好刊物的审稿人。他们是把关的，看门人，直接放行，就等于承认作者比自己高明。大家都知道眼高手低的道理。你看一篇文章，居然看不出纰漏，那作者一定比你高明很多。当局者迷，旁观者清，审稿是旁观，看得清并不意味着比当局者高明，看不清则肯定意味着远远不如当局者。由于这种心理，审稿人不管心里服不服气，都不会轻易让稿件过关。所以，投稿后，我们一定得像革命年代常说的那样"一颗红心，两种准备"。期待"修改重投"（revise and resubmit），准备接受拒稿（rejection）。假如直接被接受或基本被接受，那是意外之喜，相当于中了彩票，可以庆祝一番。

投稿后概率最大的结果是被拒稿。大部分情况下，虽然拒稿，仍然有收获，因为会收到详细的审稿意见。这个时候，我们年轻的学者一定要摆正心态，认真看评审意见，只要是合理的，只要是力所能及的，一定要按照意见去修改。我们可以把学术刊物分为一二三等。你开始投了个一等刊物，人家给你提了很多修改意见，你不改，原封不动投到第二等、第三等刊物，这样做绝对不行。你一字不改立刻改投其他刊物，很可能再被枪毙。我投稿时犯过这个错误，当时面临转正考核，压力山大，审稿人提出的问题我觉得无法应付，收到拒稿信就立刻改投，结果就收到了相同的审稿意见。当时觉得真是冤家路窄，其实是我没经验，犯了大错。我审稿时遇到过两个作者犯这种错误，可见这种错误并不罕见。有一次，我给某个刊物评审了一篇稿子，写了很长的评审意见，而且比较正面。过了一个星期，我收到另一个刊物的邀请，让我评这篇稿子。我发现作者只改了一个我指出来的错别字，其

年轻的学者一定要摆正心态，认真看评审意见，只要是合理的，只要是力所能及的，一定要按照意见去修改。

他都没改。之前说过，学术界有行规，不能两次评审同一篇稿子。所以我跟主编说，我一个星期前评过这篇文章，我对照了这两个版本，发现作者只修改了一个字，所以我把我的评审意见发给你，仅供参考，不算正式评审。下文我就不管了。发生这样的事，对作者很不好。你哪怕决定不修改，也不能立刻投出去，至少等一个月，这样表示你很重视评审意见。发表的周期不是用月来计算的，是用年计算的。如果一个月以后我收到另一个刊物的审稿邀请，我会觉得作者花了这么长时间琢磨怎么修改，最后没改，也许我提的修改要求确实超过了他的能力，这篇稿子在前一个刊物上发表不太合适，但放在这个刊物上是合适的。这样，我就是站在另一个角度想问题了。但如果只隔了一个星期，我觉得我花了一天写的意见你扫一眼就扔掉了，我不会认为是你力不能及，而是你学风不正。

如果主编决定让你修改后再投，一般会明确告诉你修改以后会不会有第二轮评审。《近代中国》就是这样。两位主编，黄宗智（Philip Huang）教授和他的夫人白凯（Kathryn Bernhardt）教授，都是倍受尊敬的学者，有很强的判断力。他们如果说不做第二轮评审，由主编做最后决定，是最乐观的结果，基本上不会出意外，所以一定要修改再投。另一种情况，主编说他们会送出去再审，但会请两位审稿人当中的一位来审。这时你要判断一下最可能找哪一位来审，因为两份审稿意见可能不一致。一般情况下，主编会给审稿人编号，一号和二号。如果二选一，那么非常有可能会选择第一位。如果你觉得你有能力改到令第一位评审满意的程度，那就修改再投。第三种情况，一共两位审稿人，主编说第二轮评审仍请这两位审稿人，这个时候也仍然要毫不犹豫地去修改。还有一种可能是，主编说会请两位审稿人中的一位来审，另外再找一位，这时你要掂量掂量，因为不确定因素多了。最不友好的情况是，主编说会另找两位学者评你修改后的文章。这是比较难过的一关。因为再找的两位评审可能口味不一样。打个比方，前两位评审都喜欢吃辣，那你就得把文章照他们的建议改辣点，但万一第二轮的评审对辣过敏，那就麻烦了。所以，修改再投实际上分很多层次。就像我们第一天说过的，你看信时要估计一下主编对你的文章到底有没有兴趣，要看他的用词，是鼓励（encourage），还是敦促（urge），还是强烈鼓励（strongly encourage），还是建议（suggest），甚至是不冷不热，"完全由你决定"（it's all up to you）。这需要我们仔细判断。有一次，看过评审意见后，我决定修改再投，但是再次认真看审稿人的意见，觉得一个审稿人是个外行，主编也没明说修改的稿子是不是还送给这个审稿人。我觉得风险太大，就说抱歉，不准备再投了。作者不能质疑主编为什么要找个外行评审，对主编来说，审稿人不仅是同盟军，更是宝贵资源。无论如何，主编都不会得罪审稿人，就算审稿人完全错了，他也会无条件地站在审稿人一边。所以，作者绝对不要跟审稿人争论，不要去跟主编争论。

> 作者绝对不要跟审稿人争论，不要去跟主编争论。

　　如果决定修改再投，又有两个技术问题。第一，到底花多长时间修改。第二，修改再投的信怎么写？这里也有点艺术成分，也可以说是世故成分。审稿人提了很多修改意见，你可能两天就改完了，但不能立刻投回去，不然，会让审稿人觉得你不重视他。他辛辛苦苦提了五条修改意见，你两天就弄完了，说明他的水平太低，提的修改意见对你来说是举手之劳，所以不能立刻投回去。但是，也不能为了表示重视，修改半年才投回去。中国的变化很快，你的文章讨论薄熙来的重庆模式，你修改了半年投回去，薄熙来已经被收到秦城监狱了。当然，这并不是说你的文章就不能发表了，但你必须花时间更新它。即使没这种戏剧性的东西，修改时间太长也会让主编不太确定你到底是改好了还是改坏了，可能还要请人家再审核一下。所以，既不能立刻投回去，也不能等太长时间。一般来说，至少花一个月的时间修改，但不要超过三个月。

再投时又要写信，这个改后再投的信和投稿信的写法不一样。欧博文老师说，写改后再投的信，最主要的目标是让主编不要再送出去审。一般情况下，主编不如审稿人在行，如果他看了你的信觉得你改得可以了，觉得不需要听别人的意见了，那么你就成功了。我们来看这封改后再投的投稿信，是欧博文老师写的，我们可以看看他的文字有多讲究。第一句话很简单，我们修改过了。下面这句是很多年轻学者不太注意的，说我们很高兴知道审稿人认为这个文章"well-written and solidly researched"（研究扎实，文字不错）。括弧注明这是第二位审稿人的原话。然后说，这篇文章的课题重要（important），后面标明这是第一位审稿人的原话。也就是说，欧老师在三份评审意见里各取了一点对我们最有利的评价，分别是：课题重要，研究扎实，表达清晰。这恰恰对应《中国季刊》的标准。欧老师这样写有两个好处。第一，告诉主编说明我们高度重

写改后再投的信，最主要的目标是让主编不要再送出去审。

视评审意见，读得非常细，一个字一个字地看，每个字都放在了心里。第二，借审稿人的口自吹自擂，可以把主编的嘴堵住。这里的潜台词是：这是你请的审稿人，他们说我们的文章好，你作为主编应该听他们的意见。欧老师写得非常委婉。这样的文字功夫，我用中文可以做到，用英文做不到，只能照虎画猫。

更重要的是后面的话，尽管如此（still）。英语不是我们的母语，我们很难用对这个词，很难用得恰到好处。这里有几个词可以选择，用 but 太浅，用 however 是转折，转折就意味着前面是称赞自己，后面要批评自己了。这里要说的是我们已经做得很好了，但是美中不足，还有锦上添花的余地，still 这个词就是起这个作用的。下面说审稿人的意见都很有帮助（very helpful），然后说"我们是这样回应的"（here is how we addressed them），address 是个很郑重的词，用 deal with（应对、对付）就不对了。

我们再来看下面这一段。写这个信的时候，欧博文老师已经是加州大学伯克利分校的讲座教授了。评审的人，我们私下判断，具体名字我不说，都是欧老师学生辈的人，但你看他的口气多么谦恭。这里说我们根据第二位审稿人的意见，做了这个，做了那个。

下面几段也都是一样的，用词变化一下，但口气不变，都表示审稿人说得很对，审稿人是在帮我们，我们很appreciate，这个词有好几层意思，包括感谢、欣赏。请注意，这不是客套，我们知道审稿人的批评是建设性的，我们也确实是按照他们的意见修改的。

当然，有时你不想听审稿人的意见，因为有的审稿人有失公正。我有一次投稿到《中国季刊》，收到三份评审意见。主编让我认真参照第一位和第二位评审的意见修改，第三位评审的意见仅供我参考。这是很少见的情况，因为第三位审稿人出偏了。我后来知道，他有篇跟我相似的文章，但比我晚。我的文章送到他的手里，也许他的第一反应是把我的文章压下，因为我的文章一旦发出来，他就没机会了。主编头脑很清楚，他一看这个评审意见，就知道这位审稿人不公平，于是很明确地告诉我这份审稿意见仅供参考。我当然听主编的。这件事过去十几年了，我是第一次在今天这样的场合讲。一般情况下，我们不应该议论审稿人错在什么地方，什么地方不公平。在学术界千万不要没事找事。不过，事情还有另一面，就是我们自己也会审别人的稿子。一个人品质是否高尚，并不仅仅体现在他在日常生活中是不是与人为善，在三个特殊情景下更容易判断一个人的品格。一是别人面临危机时会不会尽全力营救，二是自己不面临生命危险时是否对落难者落井下石。这两个情景在学术领域不常见。学术界常见的是第三个情景，是否在有匿名保障的情况下不冒充高明，不发泄怨气，不放纵嫉妒、报复等恶意。第三个情景对每位学者都是严峻的考验，特别是年轻气盛的学者，他们最难抵御匿名保护的诱惑。

有的时候，审稿人的意见是对的，但是你做不到，或者说，他是对的，但跟你的风格不一样。这时要不要勉强照着他的方案去改呢？大部分情况下，你可以不改，但你要明确说出来，不是去跟审稿人辩论，而是说，我确实做不到。比如，第二位评审认为我们这篇文章的理论化程度不够(under-theorized)，但我们决定不照着他的建议改。我们不说他的建议不对，我们只是说，我们决定这样做有我们自己的一系列考虑。同时，我们在信里用了 description（描述）和 narrative（叙事）这两个词，实际上这更符合《中国季刊》的办刊标准。当然，我们不会明确说，如果我们写得太理论化就不适合本刊。

结尾这句话同样非常讲究，也是我们这些非母语的人很难想出来的，Thanks again for all your efforts to make this paper the best it can be（直译是：再次感谢你的种种努力，促使这篇文章达到了它可能达到的最高水平）。首先肯定主编的努力和审稿人的奉献，帮我们改进了这篇文章。这里的 "the best it can be" 是个很委婉的说法。言外之意是，我们已经从 good（好）到 better（更好）到 best（最好）了，已经做到了十成功夫了，我们改不动了。最后还有一句 We look forward to hearing from you（我们期待你的回音）。为什么到这里就戛然而止了呢，为什么和第一次投稿时候的口气不一样了呢？这是暗示主编我们不希望再等三个月，不希望再有一轮审稿。

当然，你可以说这些都是我们自作多情，主编可能不会认真看投稿信。不过，我们要知道，主编是一种职业，每天要看很多信。如果你的信写得没特点，那么他看了跟没看是一样的。所以，我们在写投稿信时还是要下点功夫。要点有三个，要用最准确的口气表示对审稿人的尊重，用最委婉的口气表示对审稿人的保留，用最微妙的方式对主编说，我们已经尽到最大努力了，要就要，不要就拉倒。

要用最准确的口气表示对审稿人的尊重，用最委婉的口气表示对审稿人的保留，用最微妙的方式对主编说，我们已经尽到最大努力了。

和审稿人打交道: 学徒心态

在我看来, 每道伤痕都是个鞭策, 是过去的鞭策留下的记录, 也是继续前进的鞭策, 在我突破极限的过程中, 遇到自己走不过的坎, 一道鞭子下来, 我就过去了。

我刚才提到了, 审稿人的作用有两个, 一是把关, 二是奉献。但是, 学术市场上的把关 (gatekeeping) 不是简单的把关。主编找你做审稿人, 就是承认你在学术界是一号人物, 认为你一定可以提出意见, 可以促使帮助作者把很好的研究做得更好。当然, 现实中, 因为有匿名的保护, 有的审稿人会忘掉自己的责任。学术界是个伤痕累累的世界, 有点像战地医院。在学术界活下来的人, 每个人都伤痕累累, 关键是你怎么看这些伤痕。在我看来, 每道伤痕都是个鞭策, 是过去的鞭策留下的记录, 也是继续前进的鞭策, 在我突破极限的过程中, 遇到自己走不过的坎, 一道鞭子下来, 我就过去了。我前两天反复讲, 学术研究是极限运动。大家不要觉得这是句很轻松的话, 极限运动是非常痛苦的。但这也正好是学术研究的价值, 如果你每次都能轻而易举地把东西做出来, 那就没意思了, 因为你做的东西很可能没有学术价值。

我们在跟审稿人打交道时要记住, 审稿人永远正确，哪怕是不讲理的审稿人，也永远正确，永远不要跟审稿人争论。年轻学者容易犯的错误之一就是跟审稿人争论。有些美国名校毕业的博士，比如哈佛、耶鲁、斯坦福、普林斯顿毕业的博士，遇到拒稿时很容易愤怒，会写很长很长的信给主编，据理力争。这样做可以理解，但于事无补，所以是错的。错，不是无理，而是无益。我们刚才拿足球打比方，主裁判有时判错，你的球明明踢进去了，他说没进，明明该判点球，他就是不判，对方明明越位了，他没看见，也不理会巡边员举旗。你怎么办？如果你在场上跟他争论，你比较客气，他不理你；你不客气，他给你黄牌警告，你再争，他再加一张黄牌，你就被罚出去了。

幸好，学术发表是个相对公平的市场，没有垄断。中国研究领域有十来家刊物，《中国季刊》不要，就投 *China Journal*，*China Journal* 不要，就投 *Modern China*，*Modern China* 不要，那就投 *Journal of Contemporary China*，*Journal of Contemporary China* 不要，就投 *China：An International Journal*，*China：An International Journal* 不要，就投 *Journal of Current Chinese Affairs* 和 *China Review*。刊物这么多，我们没必要

审稿人永远正确，哪怕是不讲理的审稿人，也永远正确，永远不要跟审稿人争论。

184

吊死在一棵树上。另投刊物，之前那几个审稿人就不能再评了。审稿人也没那么聪明，如果他们评的是同一篇文章，两次的意见不会有太大变化。如果你发现两个审稿意见高度一致，马上要跟主编提出来。不是抗议，只是提醒主编，这个人已经评审过你的文章，没资格再评。这样，投稿的保险系数就越来越大，正所谓天无绝人之路。年轻学者要避免一个问题，就是太容易有挫折感。有的人两次被拒就很灰心，就开始怀疑自己了。不要灰心，不要怀疑自己，应该接着试，每次收到的意见都要认真看。要相信大部分审稿人不是恶意的。有的时候，审稿人可能表现得有点不耐烦，可能表现得居高临下，教训你这么简单的事情居然不会。不会就是不会，这没什么了不起的，大家一开始都不会，都是学会的。不会就学，做错了就改，改好了就行了。

有的时候，审稿人好像发脾气一样，审稿意见写得像是指责你，这个时候我们要充分谅解。刚才说了，审稿是一种奉献。作者接受了审稿人的意见，发表时顶多是感谢审稿人的建议。如果作者猜出来审稿人是谁，可能会把他的名字放到感谢名单里。放在了感谢名单里，对审稿人又有什么用呢？写审稿意见是很辛苦的事，我以前比较负责任时，评一篇文章要花七八个小时。现在，如果主编让我去评审一篇文章，我可能要掂量很长的时间决定要不要评审。一万字的文章，认真从头读到尾就要一两个小时，还要挖空心思想怎么把这篇文章改得更好一点，还要想自己的要求是不是合理。往往是当时答应，过了一个星期就后悔，文章放在那里了。再过一个半月，我都想不起来当初为什么同意评这篇文章，然后主编来邮件催，说还没收到审稿意见。这个时候，审稿就真的变成负担了。在这种心情下，又不能稀里糊涂来评，毕竟还要顾及自己的信誉。主编知道你是谁，你马马虎虎写篇评审意见给他，他就看不起你了，下次不找你了。他不找你没关系，但是他看不起你，而你很可能还会给他投稿，你敢担这个风险吗？所以，大部分情况下，等你终于鼓足勇气来看这个文章时，如果发现特别不应该出现的错误，你自然会感到很不耐烦。所以，我们在看审稿意见时，一定要理解审稿人是在什么心情下审稿的，他流露出点不耐烦是很正常的。大家不要太介意，对事不对人（don't take it personally）。我已经反复说了，公平地建设性地审稿是奉献，无人感谢（thankless job）。反正你也有匿名保护，审稿人说话再难听，毕竟没指着你的鼻子骂，你假装不知道就好了。

我们在跟审稿人打交道的过程中，一方面要尽量去理解他们的批评，一方面也要把这当成学习的机会。对我自己来说，写论文当然是很好的训练，跟老师合写是更高级的训练，但是，真正严格的训练，真正每道鞭子都记在心里的，每道伤痕都像成长年轮的，是匿名评审过程。如果我们用这样一种健康的、积极的态度来看评审，就会从中得到最多的好处，避免过度的伤害。我的学生里有几位就很勇敢，他们有意识地去投一些他们知道发表机会为零的刊物。这不是自讨苦吃，而是主动寻找训练机会，等着别人来打鞭子，如果鞭子打得不够，说明这个刊物不够严格。实际上，判断刊物质量的标准之一就是审稿人意见的长短和详细与否。越是好的刊物，比如《美国政治科学评论》，审稿意见越长。哪怕你的稿子根本不可能在那里发表，你仍然会收到非常详细的、非常有建设性的意见。

"文章是自己的好，横看竖看都顺眼。投寄刊物，先自信满满，后焦心苦候，盼到评审意见，通常是冷水一盆，甚至当头一棒。先安顿受伤的自尊，再细品逆耳之言。认同，有则改之；不认同，无则加勉，切

对我自己来说，写论文当然是很好的训练，跟老师合写是更高级的训练，但是，真正严格的训练，真正每道鞭子都记在心里的，每道伤痕都像成长年轮的，是匿名评审过程。

187

勿据理力争。获允修改再投，就是成功。"这是我2009年写的。其实就是一句话，文章被拒很正常。不受伤是不可能的。因为我们每个人都有自尊，而且，至少我自己是这样，投稿时真的是已经尽了百分之百的努力。尽了最大努力，文章投出去以后还被人家说得一无是处，当然会觉得受伤。我遇到过一个最严厉的批评，说我的计量分析有致命的失误（fatal flaw）。这个失误是不是致命，我们可以讨论，但是这个评语我永远忘不了。受伤是难免的，但我觉得这是成长的契机。要突破极限，我们自己尽最大的努力往往还不够，还要人家来督促一下，甚至鞭策一下。这就是匿名评审的作用。

> 文章被拒很正常。不受伤是不可能的，但我觉得这是成长的契机。

结语： 信心、 耐心、 恒心

我们总结一下今天的内容。在学术发表的过程中，要跟主编打交道，跟评审打交道，最后落在一点上，匿名评审是个成长的机会。审稿人，只要他公平，不管他多严厉，都是我们的老师，而且是我们永远没办法当面感谢的老师，对这样的老师我们要格外尊重。

我们可以当面感谢自己的老师，但是，审稿人也是你的老师，你就算知道他帮了你很多忙，也没办法当面感谢他。所以，我们在收到审稿意见时，首先要想这是我们老师的意见。我们要以这样一种心态来对待审稿意见。

与此同时，我觉得学者要有内在的强大。内在的强大是弗洛姆的说法，他的原话是：所谓成熟，就是已经创造性发展了自己的能力，就是只想拥有自己劳动的成果，就是抛弃了对全知全能的自恋梦想，就是获得了谦卑，这谦卑的基础是内在的强大，而内在的强大只能来自真正创造性的活动。当学者需要有内在的强大，这种强大很多时候就体现在怎么对待审稿人的意见上。我和欧博文老师合写文章，每次收到审稿意见他都让我先看，他说我的皮比较厚。其实不是我皮厚，我只是不太在乎别人批评。欧老师在做学问、写文章上是个绝对的完美主义者，完美主义者遇到别人批评时最不容易承受，因为他觉得自己已经真的尽到了120%的努力了。我不太在乎别人怎么看。内心比较强大了才能不在乎，如果太在乎别人的看法，那就是还有不强大的地方。我说的是十几年前的事。现在欧老师根本不介意遇到不公平的评审。

我们在收到审稿意见时，首先要想这是我们老师的意见。我们要以这样一种心态来对待审稿意见。

学者要有内在的强大，而内在的强大只能来自真正创造性的活动。

进一步说，我觉得在学术发表过程中，甚至是整个学术生涯当中，我们需要树立三个东西。第一是要有信心。就是说，我能写，我有能力写，我能够努力达到并且突破自己的极限。第二是要有耐心。耐心是怎么建立起来的呢？就是千万不要认为自己是个天才。像我这样从小就知道自己不笨，但没那么聪明，比较容易在学术界生存下来。如果你认为自己是个天才，那就没耐心了。今天我们提到的那位想学英语的老师，他聪明绝顶，但是他没耐心，他没办法说服自己他不是天才，所以他很难学好英语。真正的天才有两种，一种是他既是天才，也真的相信自己是天才，另一种是他虽然是天才，但不认为自己是天才。既是天才，又认为自己是天才，就比较容易受挫折。比较好的组合是你非常聪明，但是你不认为自己非常聪明。我们接受审稿人的意见，就是承认我们不是天才。如果你觉得你是天才，那你很难接受负面的审稿意见。越是名校毕业、越是一帆风顺、越是高智商的人，抗打击的能力往往越差。

最后一点是要有恒心，也就是说，不仅知道自己能写，而且相信自己能写得更好。我有一位朋友，听说他写了四十多篇文章，都经过了评审，但是一篇也

我觉得在学术发表过程中，甚至是整个学术生涯当中，我们需要树立三个东西。第一是要有信心，第二是要有耐心，最后一点是要有恒心。

没发表。我一共写了二十多篇文章，每篇文章都发表了。这位朋友比我聪明。我们的差别就在于我更有信心、耐心、恒心。人家让我改，我就改，第一稿不行就第二稿，第二稿不行就第三稿，第三稿不行就第四稿。投稿也是这样，一个刊物不要就换一个，决不放弃。我给大家看一个文件夹，大家就知道我有多笨了。这是2004年我在《近代中国》发表的那篇文章。光是给主编的信，我就写了十稿。这篇文章一开始是投给《中国季刊》，一直改到CQ41，改到第四十一稿才投出去。收到两份审稿意见。有位审稿人说这个作者写得很怪，好像自己在跟自己对话一样，把自己一分为二，自问自答。《中国季刊》拒稿，没给我修改再投的机会，我就改投了 *Journal of Peasant Studies*（《农民研究》），投出去三个月没消息，我写信问，过了一个月还是没消息，我就放弃了，写了封信声明撤稿，改投了《近代中国》。《农民研究》当时的主编职业道德有点问题，始终不理睬我。这里的MC1实际上是第四十二个版本了，因为前面已经有了四十一个版本。然后到了MC23，第二十三个版本，文章终于发出来了，这是最终稿（final draft）。可见，写文章是个实实在在的成长过程。如果我不给各位看这些，你们可能觉得我是说漂亮话，讲的东西未必是真的。我可以告诉各位，我讲的东西都是真的。当然，我没把真的东西全部告诉各位，毕竟有些东西是不能讲的。

第六讲
学者生涯

引言： 谋定生存之后

　　我们用了五天时间讨论学术发表需要注意的东西，总标题是"不发表，就出局"。我们今天考虑下一步的问题，不出局怎么办，怎样过一个学者的生活。我先引用一段话，是叔本华的。如果硬要给叔本华贴个标签，他是悲观主义人生哲学家。其实，他的哲学远远不是悲观主义四个字可以概括的，可以叫作明智的悲观主义。叔本华说话爱走极端。他说，绝大多数的人生是在两个困境之间摇摆，要么窘迫，要么无聊。窘迫时为了生存而奋斗，谋定生存以后会怎么样？叔本华说，谋定了生存，就开始无聊。他说："生者忙忙碌碌，孜孜以求，只为谋生存，然而，终于谋定了生存，却不知用它做什么；于是投入第二次奋斗，为的是摆脱生存这副重担，令生存变得无从感知，杀掉时间，也就是说，逃离无聊。"我们年轻时需要为谋生存而发表，但我们为谋生存而发表时要问自己：谋定生存以后干什么？谋生存的过程本身有没有价值？我们看看一些不再面对发表压力的副教授、正教授，甚至大名鼎鼎的学者，他们的生活状态是不是值得我们羡慕呢？他们的生活是不是很有意义呢？有时可能要打个问号。有的人谋定生存就给自己办提前退休，他们好像就是为了在学术界混碗饭，混个清闲的工作。还有更难理解的，开始是谋生存，但在谋生过程中形成某种惯性，谋定生存后忘了什么是生活，忘了生活的目的。有的学者出了大名，仍然炮制灌水文章，走火入魔，为发表而发表，这是他原来想要的生活吗？他们好像是在谋生存过程中培养出了自信，谋定生存后把这种自信膨胀为自负，再发达一点又进一步把自负膨胀为自恋，最后把自恋膨胀为自我神化，觉得全世界只有他是对的。这个从自信演变到自我神化的过程，在研究方法问题上表现得最明显。有的学者，自己碰巧会个什么方法，就坚信那是唯一科学的方法，把其他研究方法都视为垃圾。极"左"分子是"唯我独革"，这种人

我们年轻时需要为谋生存而发表，但我们为谋生存而发表时要问自己：谋定生存以后干什么？

学者生涯是一种有使命的特权。

是"唯我独科"。学术界跟金庸先生笔下的武林江湖类似，门派林立是正常现象，但总是有任我行、左冷禅、岳不群这样的野心家，妄想一统江湖。这种人如果掌握了学术权力就会变成施虐狂，变成教主，仿佛他可以创造一个伟大的学派，可以解决人类的所有问题。这样的人我实在无法理解。

按照我的理解，学者首先要在学术界谋生存，但生存不是我们的最终目的。学者生涯是一种有使命的特权。学术研究是伟大的事业，超越学者的个人生命。这里的"学术"可以界定得宽泛一点，科学也好、数学也好、哲学也好、人文艺术也好，都是学术，都是人类文明的支柱。没这些东西，人类的生存跟动物的生存就没区别。我看电视最喜欢两类节目，一类是讲宇宙的，宇宙是怎么起源的，黑洞是怎么回事，太阳还有多长时间的寿命；还有一类是讲动物的，动物世界非常好看，我看来看去觉得人就是动物。所有的食肉动物，甚至很多食草动物，有地盘概念，也就是领土（territory）观念，跟我们人类非常相似。人类有国界，动物有地盘，狮子和老虎为了维护地盘与同类打架，人类为了地盘彼此战争。为什么有地盘呢？为什么狮子认为这块地盘就是它的呢？地盘概念到底是什么呢？为什么凡是进入了我的地盘的其他动物都是我的口中食呢？这跟人类政治非常相似。人类为了争王争霸彼此残杀，就是因为一旦登上王位，王国里所有的人、所有的物就都成了他的财产，他可以为所欲为。我看了动物世界觉得，第一，人是动物，第二，人不应该仅仅是动物，人还得是人。江总书记曾经有个提法，叫发展政治文明，就是发展文明的政治。与文明的政治相对的，当然就是野蛮的政治。什么叫野蛮的政治？野蛮就是没有规则，就是没有底线，文明就是讲究规则，就是有底线。我们可以拿体育比赛举例子，比如 NBA、CBA、英超、德甲、意甲、西甲。大家，特别是男性，喜欢看比赛，因为比赛就是竞争，所有体育比赛都是文明化的战争。我们看不同国家的体育比赛时，根据队员的表现、观众的表现，就可以判断那个国家的文明水平，尤其是政治文明的发展水平。我说这些，只是为了说明一点，作为政治学学者，作为社会科学学者，我们做学问的最终目的是对政治文明的发展有所贡献。

第一，人是动物，第二，人不应该仅仅是动物，人还得是人。

作为政治学学者，作为社会科学学者，我们做学问的最终目的是对政治文明的发展有所贡献。

有使命的特权

作为精神贵族，学者的使命有两个。第一是创新，第二是承传。

　　我觉得学者是个很特殊的群体。人类发展到一定阶段，需要一批人专门从事科学、艺术、文学这样的精神产品的创造，我们可以把从事学术活动的这个特殊群体叫作精神贵族。精神贵族，不是那种寄生的贵族，是有创造性的、有自己本领的贵族。作为精神贵族，学者的使命有两个。第一是创新，这是我们这几天一直强调的，就是写文章一定要有创新，一定要有原创点。创新是学者的第一天职。学者的第二使命是承传，承传也是学者的天职。做好承传并不容易。学术界里有学派，好比武林有门派。我估计大家都看过金庸先生的武侠小说，要当掌门人，只把本门的功夫学到最高程度是不够的。《笑傲江湖》里有一段，任我行在少林寺点评天下武林高人，说他只佩服三个半人。他只佩服一半的是武当派的掌门人冲虚道长。冲虚道长本人武功高，但不会教徒弟，所以任我行只佩服一半。我们做学者也一样，要做好承传，首先就要把本领域的知识学到最高程度，但这还是不够的，还要会

197

传授。

学者不仅有创新和承传两个使命，这两个使命同时也是特权。为什么是"特权"呢？马克思说过："在共产主义社会高级阶段，在迫使个人奴隶般地服从分工的情形已经消失，从而脑力劳动和体力劳动的对立也随之消失之后；在劳动已经不仅仅是谋生的手段，而且本身成了生活的第一需要之后；在随着个人的全面发展，他们的生产力也增长起来，而集体财富的一切源泉都充分涌流之后，——只有在那个时候，才能完全超出资产阶级法权的狭隘眼界，社会才能在自己的旗帜上写上：各尽所能，按需分配！"根据马克思的说法，到了共产主义社会高级阶段，劳动就不仅仅是谋生的手段了，劳动本身成为生活的第一需要。马克思对人有个很理想的理解。人跟动物一样是天天要活动的，动物如果不动那就不是动物了。但是动物天天动是为了活下来，是本能。人跟动物最大的区别在于，人的活动可以超越本能。马克思认为，在他那个年代，人类的发展还没完全摆脱纯粹为了生存而活动的动物生活，还没过渡到为了发挥自己的才能、享受自己的能力而活动的真正的人的生活。完成了这个过渡，劳动就不仅仅是谋生的手段了。大家注意，马克思用词是非常谨慎的，"劳动不仅仅是谋生的手段"，就是说劳动仍然是谋生的手段，但是，高级阶段的人类跟初级阶段的人类的最大区别在于，劳动本身成为生活的第一需要。

这种境界是可以达到的。我们看看周围那些工作狂，那些为了科学、为了艺术废寝忘食的人，他们就达到了马克思讲的境界。在我们看来，他们没必要活得那么辛苦，但他们完全乐在其中。做那些事情的时候，他们觉得自己有力量、有才能。他们做那些我们看起来非常辛苦、非常有挑战性的工作，因为他们觉得通过做这些工作能活出自己的价值，这样的活法体现出他们作为独一无二的人的价值。大家不要小看"独一无二"这个词，独一无二并不仅仅是说我们每个人都跟别人不一样，独一无二最值得珍惜的地方在于，我们还有一个更高的超越我们个体生命的存在。我们来这个世界上走一圈的意义实际上取决于我们的生命能不能跟那个更高的存在挂上钩，我们能不能成为那个更高的存在的一部分。刚才给大家放的那段音乐是巴赫的大提琴第六组曲的第二乐章。巴赫去世很多年了，但是只要人类存在，他的音乐就不会消失。我们作为学者能给人类社会留下什么呢？就是我们创造和

> 独一无二并不仅仅是说我们每个人都跟别人不一样，独一无二最值得珍惜的地方在于，我们还有一个更高的超越我们个体生命的存在。

传承的精神产品。正是这些精神产品，让人类跟动物区分开，也正是在这个意义上，学者是最接近马克思讲的真正人类生活的一个群体。

　　绕了一大圈，我要说的就是一句话，学术生涯是有使命的特权。在座的各位要么已经获得了这个特权，要么在追求这个特权。共产主义是个伟大的理想，理想的价值在于可以提升我们的精神世界，可以让我们觉得有个前进的目标，即使遥远，仍然值得我们追求。我们追求理想的过程恰好就体现了我们一生的价值。学术生涯是特权，因为学者是最接近人类理想生活的一种职业。我们作为学者的一生在干什么？我们做课题的目的是什么？如果是刚入职的助理教授、讲师，做课题是为了谋生存，是为了补贴家用、通过考核。谋定生存以后，如果你一面做课题，一面抱怨，那我就觉得不值得同情了，因为这是你自己选择做的，自找的。就像叔本华说的，你是在打发时间，因为你不知道自己活着的价值是什么。当然，这不是说我们不要做课题。关键是做课题时不要忘记，学者的天职是创新。如果在学术界混了一辈子，永远是在重复别人的东西，那么你作为一个学者是完全失败的。

学术生涯是特权，因为学者是最接近人类理想生活的一种职业。

学者该做的首先是创新，为知识增长做贡献。没创新能力了，就专心做好承传，培养年轻人、培养那些正在成长的人，让他们做你已经不能再做的事。

　　说实话，我们能够在这个课堂里像侃大山一样胡说八道，这本身就是个特权。我们能这样生活，是因为很多人没办法这么生活。我们作为大学教授，跟那些开出租车的人，跟那些在流水线上工作的人比，生存环境优越太多了。所以，学术生涯绝对是个特权，我们必须证明我们值得拥有这个特权。用什么证明？就是通过做学者该做的事来证明，学者该做的首先是创新，为知识增长做贡献。没创新能力了，就专心做好承传，培养年轻人、培养那些正在成长的人，让他们做你已经不能再做的事。

　　十年前，我是不大讲这些东西的。我第一次跟年轻学者讲方法是2006年，很巧，也是在中国人民大学。再往前我从来不讲方法，学者讲方法，证明他自己不做学问，去教别人做学问了。好比是跑接力，跑的时候顾不上讲方法，开始讲方法，就是变相承认，我筋疲力尽了，要把接力棒传下去。真正做学问的时候，既没时间，也没自信讲方法。自己还在山洞里摸索，怎么有资格、有底气帮别人判断山洞有没有出口、已经爬到了什么地方呢？但是，随着年龄增长，人总会有衰退的一天。今天我这最后一讲，讲的是更接近于心里话的心里话。心里话有不同的层次，前几天讲的也是心里话，不过是比较浅层次的心里话，今天讲的是更加深层次的心里话。我花了一个星期时间跟各位讲这些内容，实际上是承认我作为创新的那个学者的生命已经在衰退了。

如果我们意识到自己作为学者是在享受一种有使命的特权，那么就会发现很多以前认为过不去的困难其实很容易过去，很多心结很容易解开。我们都知道，在富士康流水线上工作的人每天可能要工作 12 个小时。你也许不服气，觉得学者每天工作 20 个小时，因为学者睡觉时也在想学术问题。但是，他们工作 12 个小时就是为了谋个饭碗，而我们工作那么多时间是为了充分发挥自己那点天赋，是为了体现自己的能力和价值。这两个生活境界是不能比的。所以，我们第一要承认自己有特权，第二要为证明自己应该享有这个特权而努力。也就是说，我们要不辱使命，做我们应该做的事情，就跟马克思说的那样，真正体会到工作是我们的第一需要。

如果我们意识到自己作为学者是在享受一种有使命的特权，那么就会发现很多以前认为过不去的困难其实很容易过去，很多心结很容易解开。

自我管理

人生是很短的一段时间。我们可以用这段时间来及时行乐，我们也可以充分利用这段时间，把它变成最高贵的时间。

关于治学，前几天讲过很多东西了，现在讲的是广义的治学。也就是说，看看我们作为学者有什么资源，然后要"治"，就是管理，就是把没秩序的变得有秩序，把秩序不良的变得比较良好。作为学者，我们实际上有两个资源，一个是祖祖辈辈传下来的、我们从父母那里继承的那点聪明才智，另一个是我们每天的 24 个小时。我们每天只有 24 个小时，多也多不了，少也少不了。我们一生顶多 100 年，其中 30 年是睡觉。人生是很短的一段时间。我们可以用这段时间来及时行乐，我们也可以充分利用这段时间，把它变成最高贵的时间。

学者跟普通职业的最大区别在于治学就是自治，就是开发自己、发挥自己，把自己的价值最大化。在这个意义上，学者用功完全是自私自利的。作为学者，我们没理由说自己每天工作得很辛苦，因为工作很辛苦完全是为了自己，这就是学者的使命。遇到工作狂学者，你可以关心提醒他不要把自己过早烧光耗尽，但根本不用同情他，因为他乐在其中。当然，乐在其中不意味着没有艰难困苦。我们每个人做研究时都要挖空心思，如果这个时候还感到很愉快，那就是受虐狂了。我们前面反复强调，做研究就是要突破极限，而突破极限是个很痛苦的过程。尽管如此，突破极限之后，就会觉得突破过程是个值得回味的过程，因为你是在发展自己。我们青少年时都有一段非常难过的日子，就是所谓"成长的痛苦"。不管是男生还是女生，长身体时都很痛苦，心理上也很痛苦，有很多烦恼。但是我们回过头去看，会觉得这个阶段是自己的黄金时代。做研究也是一样的，天天做实验、查文献、分析数据，说这个过程不痛苦，那是假话，但这个过程不是纯粹的痛苦，用喝茶的行话说，有回甘，因为我们是在发挥自己的才能，是在培养自己的功夫。

既然广义的治学是经营自己的才能、经营自己那点资源，那么学者想要完成自己的使命，首先必须保护我们这点宝贵的资源。2010 年我在上海财经大学跟那些海归老师座谈，提醒他们要想方设法、千方百计保护自己的时间，尤其是保护自己最优质的那段时间。我们每天可能清醒十几个小时，但只有那么一两个小时，顶多三四个小时是最优质的时间。这段优质时间

保护自己最优质的那段时间。

无论如何也不能轻易放弃。要做到什么地步呢？要做到人家觉得你很怪、觉得你不讲理的地步。

我没完全做到这一点，但我可以告诉大家两个抱怨。第一，我的妻子经常抱怨，说我的时间好像比别人的宝贵，好像我做的事情都那么重要。这是因为我非常小心地保护自己的时间。她有时候要出去买东西，我自告奋勇陪她去，她说：你还是待在家里比较好，你去了我就紧张，你去了我反而没办法放松下来买东西。第二，我在香港中文大学任教也留下个很坏的名声，就是李老师上午永远找不到。前两年，我是一个委员会成员，主任是院长。如果需要我参加会，他就把会安排在中午或下午，不然我肯定不去。我原来是系研究生部的负责人。一个学院有好几个系，每个学院要往研究生院派个代表。有一年不知道怎么回事，他们投票把我选成了代表。研究生院给我发过不少开会通知，我一次也没参加。最极端的情况是，有次校长要约见我，他的秘书发邮件说校长上午 10 点到 11 点之间有空。我说，请您安排在 11 点半以后。那时我的黄金工作时间是晚上 10 点到早上 2 点，让我早上出去开会就等于让我牺牲这段时间。

总而言之，我们学者一定要有高度的自律，知道最优质时间自己应该做什么、必须做什么。这也是对自己负责任。作为学者可以不断开发自己是个难得的特权。我们要努力自治，尽我们的力量完成我们的职责、完成我们的使命。

自我怀疑

我认为治学有个境界，叫作"疑人不如疑己"。前面说了，学者的使命是创新和承传。无论是创新，还是承传，我们都要怀疑别人。但怀疑别人的目的到底是什么？我觉得，怀疑别人是因为我们可以在别人身上看到自己的影子，怀疑别人的目的不是为了怀疑别人，而是为了怀疑自己，怀疑的着眼点应该落在自己身上。学术界的怀疑，大部分都是在怀疑别人。我们经常面临的情况是眼高手低。我们第一天看完斯特恩教学童拉琴以后，我提到一点，就是首先要有眼界，眼界高了以后才知道自己手上功夫低，然后，应该做的就是不断提高自己手上的功夫，达到我们希望的境界。

我们如果听过自己说话的录音，一定会注意到那

怀疑别人的目的不是为了怀疑别人，而是为了怀疑自己，怀疑的着眼点应该落在自己身上。

个声音跟自己说话时听到的声音很不一样。我一开始听到自己的录音，第一反应是我说话怎么这么难听？我们要提高自己，首先就要走出这样一个陷阱。为什么我们听到的自己说话的声音跟我们实际说话的声音有那么大的差距呢？这可能是进化的结果。如果没有这种心理保护，人的生存状态可能很悲惨。实际上，没几个人能够完全实事求是地面对自己。这不是我说的，是原来在芝加哥大学政治学系教书的哲学家 Jon Elster 说的。他说，每个实事求是看待自己的人都是病理性抑郁症患者（clinically depressed）。我们每个人心目中自己的形象跟那个比较客观的形象都有很大差距，我们要利用这个心理落差。

广义上讲，鲁迅先生讲的阿 Q 精神是必不可少的，没有阿 Q 精神，人很难活下去。但是，不能仅仅活下去，还要超越鲁迅先生讲的阿 Q 精神。人需要有阿 Q 精神，这是第一步，第二步是要超越阿 Q 精神。我们已经知道了，眼界比手上的功夫高。这个落差一定要用在自己身上，这样对自己才真正有用。如果这个落差是针对他人的，那就变成了我说的"疑人"了。天天去看别人的不足是很容易的，但如果总是用那种轻飘飘的感觉看其他人，总是怀疑别人，很可能给你制造一种虚幻的优越感，让你觉得自己很厉害。但实际上，你没那么厉害。大家如果去参加国际会议，就会发现有那么几号人每次开会时都能发表非常高明的评论。所谓高明，就是他指出问题时一针见血，充分展示他聪明绝顶，讲得负面点，就是一剑封喉，一下子就把人家打倒了。但时间长了以后你就会发现，这些人点评别人下的棋是超一流水平，但自己下棋时可能只是中等实力水平。这就不对了。点评别人时是超一流，自己下棋是强九段，那是对得起自己的，因为每个人的眼界和手上的功夫都有差距。但是，如果点评别人时是超一流，自己下棋时是三四段的水平，那我就觉得他有点对不起他自己。为什么不把点评别人时的那点聪明才智用在自己身上呢？这才是对自己真正有帮助的。所以说，疑人不如疑己，与其把你的时间、精力、聪明才智用在怀疑其他人身上，不如用来怀疑你自己。

元朝有个高僧叫高峰和尚。高峰和尚经常跟学佛法的人说，很多人学法，但学得一知半解，没办法了彻生死大事，问题出在哪里呢？高峰和尚说，"只为坐在不疑之地"，问题在于不怀疑自己。不怀疑自己有很多表现方式，比如，不怀疑经典、不怀疑老师、不怀

为什么不把点评别人时的那点聪明才智用在自己身上呢？这才是对自己真正有帮助的。所以说，疑人不如疑己。

疑领导的指示，表面看起来是不怀疑别人，实际上就是不怀疑你自己。好比说，表面上看你是不怀疑佛经，但实际上你是觉得自己看到的就是佛经的本意，这就是不怀疑自己。要想真正明白是怎么回事，就得怀疑。

这方面很难用学术研究举例子，因为学术研究往往没有硬标准。但在翻译里例子就很多了。昨天我提到，要过阅读关，最好准确翻译十万字，哪怕准确翻译一万字也可以，关键是要准确。就好比说，练习投篮，对着篮筐随意投球是没用的，投多少都没用。同样，练习书法，拿着毛笔随便写一通也没用的，而且还会起相反的作用，这是启功先生讲过的道理。所以，我昨天强调要准确翻译。翻译时怎样才能做到准确呢？关键就是要怀疑自己，永远不要因为这个词看着很熟悉就觉得自己的理解正确。这实际上需要一种很特殊的敏感，就是稍微有点不对劲立刻就怀疑。我前一段时间看德文时遇到一个词，allein。这个词在德文里很普通，就是 alone 的意思。但是，放在那个句子里，如果理解为独自或单独说不通。我查字典才知道，这个词在十八十九世纪，意思是"然而"。如果我没有这种敏感，没有这种怀疑自己的精神，那我肯定就译错了。

翻译界有很多低级错误，有的成了笑话。低级错误就是错得太离谱，太滑稽，原因就是太懒惰，太缺少自我怀疑。有的自吹自擂的所谓翻译家号称一天可以翻译一万字。真正有巨大贡献的翻译家，比如严复先生，说他有时候琢磨一个词，十天半个月也拿不定主意。鲁迅先生是天才，他说翻译并不比随随便便的创作容易。他的翻译经验是十个字，"字典不离手，冷汗不离身"。冷汗不离身，无疑是因为自我怀疑。那些信马由缰译笔如飞的人，即使出汗，也是热汗，不是冷汗。翻译时要把一段话真正吃透已经很难，再表达出来更加困难，不仅意思要完全正确，还要尽量把原文的语气神韵传达出来。如果翻译追求这样的境界，没有足够的自疑显然是不行的。

我给大家举个例子。2011 年我在德国图宾根住过三个月。我注意到书店里有好多有声书（audio book）。这种书不是用来读的，是听的。其中有一本是尼采的《查拉图斯特拉如是说》。我感到很惊讶。尼采这本书有几个中译本，最高明的无疑是徐梵澄先生的译本。读徐先生的翻译，会觉得文采很好，基本上能看懂，但是有些句子要反复读好多遍才能看懂。我没问过德国朋友是否能听懂尼采的书，但我估计应该像我们听

鲁迅先生是天才，他说翻译并不比随随便便的创作容易。他的翻译经验是十个字，"字典不离手，冷汗不离身"。

鲁迅先生的杂文，肯定不像听评书一样可以边开车边听，但静心听可以听懂，不需要反复倒录音重听。徐先生的译本已经非常了不起，但如果我们把他的译本做成有声书，大概没几个人能听懂，反复听也听不懂。德文原文是可以做成有声书给普通的有知识的德国人听，中译本只能读不能听。这说明徐先生的伟大译本跟原文仍然有不小的差距。有的译本可以听，但是我肯定听不下去，因为我觉得乏味。打个比方，尼采的原著是一瓶顶级人头马，徐先生把它变成了一瓶顶级茅台，有的译者却把它变成了一瓶农夫山泉。

我鼓励大家做点翻译，就是因为翻译时最容易体会自我怀疑的价值，也有助于培养自我怀疑。

　　我鼓励大家做点翻译，就是因为翻译时最容易体会自我怀疑的价值，也有助于培养自我怀疑。1981年北京大学的王太庆先生到南开大学哲学系讲课。他说，如果你看不懂翻译的书，那就是译错了。翻译史上有很多的笑话都是因为译者没看懂，不一定是译者外语水平差，很可能是因为译者太缺少怀疑精神，自以为懂了但实际没懂。如果看了一遍没完全看懂，那就应该去查字典。鲁迅先生当年批评过赵景琛先生，赵先生把 the Milky Way 翻译成了牛奶路。赵先生其实是一位很了不起的剧作家、文学家，也是认真负责的翻译家，但就这么一念之差，很多人忘记了他的功劳，只记得这个翻译界的笑话。换句话说，一个人可能做了一百件很有价值的事情，但学术界不会充分欣赏他的贡献，一旦他出个很荒谬的错误，人家立刻就把水平差的标签贴在他身上，想摆脱也摆脱不了。所以，我们看别人时，一方面要厚道点、公平点，要想到他虽然犯了一个愚蠢的错误，但也做过很多有价值的事情；另一方面，也不要幸灾乐祸，不然，这样愚蠢的错误转眼就会发生在你自己身上。

我们接着谈学术研究。开会时指出别人方法上有缺陷，让人家下不来台，对自己可能没什么好处。如果你肯定那个人确实因为不懂而犯错，也没必要大庭广众之下指出来，可以私下跟他讲，让他在那么多人面前难堪对你自己没什么好处。如果你时时刻刻想在别人面前证明你自己高明，那说明你自己不自信。开学术会议时，往往是越有成就的学者，点评别人时就越智慧，也越宽容。反而是那些半瓶醋的学者，表现很刻薄。他们磨快了刀以后不是对自己下刀，而是专门针对别人。实际上，看别人出错就等于给了自己一个培养敏感的机会。我们应该用别人那块磨刀石磨快自己的刀，从而让自己分析时更精密一点。也就是说，怀疑别人，最后是为了怀疑自己。这样，才能把眼高

如果你时时刻刻想在别人面前证明你自己高明，那说明你自己不自信。

怀疑别人，最后是为了怀疑自己。这样，才能把眼高手低作为我们进步的一个动力、一个台阶。

手低作为我们进步的一个动力、一个台阶。如果做不到这一点，如果眼高手低成为常态，甚至享受眼高手低，把眼高变成单纯攻击别人的武器，那就浪费了自己的聪明才智，或者说把自己的那点聪明才智都贡献给别人了。把批评别人时的那种敏感用在自己身上，才能发挥最大的效应。

当然，我不是否认要有批评精神。但是，作为一个学者，如果只批评别人，那你还没完成自己的使命，因为你的使命在创新。学术批评是一种公益品，也是学者的天职。但是，我们完全可以在做匿名评审时尽自己的义务。在国际会议场合，在学生论文答辩的时候，在别人求职演讲时，这种机灵能少抖就少抖，能不抖就不抖。看到别人摔了跟头，撞了南墙，应该首先想到自己可能犯同样的错误。这就是自我怀疑的精神，就是疑人不如疑己的意思。

学者的三讲

求职、讲课、开会是学者一辈子的三讲，也可以说是在学术界基本的生存本领，但这三讲都会出问题，有些问题是我观察到的，有些问题是我自己犯过的错误。

第一讲是求职。求职报告跟开学术会议和给学生上课都不一样，求职报告是要卖自己的潜力。这个时候最容易出现的问题是读稿子。如果我们招聘老师时，某个候选人上台读稿子，我的第一反应就是这个人不够聪明。你都做了这么长时间的研究了，博士论文都写出来了，怎么离了稿子就讲不清自己的研究呢？求职演讲要你到现场来做，因为这是个互动机会。念稿子等于放弃了跟听众心灵沟通的机会。所以，求职时要记住，你做的东西人家已经承认了，如果质疑你的研究，那就不会请你去做求职演讲了。真正要表现的是自己的潜力，就是说，你已经做了很好的研究，但是还可以做更好的研究。求职演讲不仅要脱稿，而且要在十分钟内讲清楚自己的研究。如果十分钟都讲不清博士论文，给人的印象也是不够聪明。我要求自己的学生博士论文有若干版本，三分钟版本，三十分钟版本，三个小时版本，三个月版本。给一个学期的时间讲一门课，博士论文的内容应该足够，给三个小时做专题讲座，当然可以，答辩时三十分钟陈述，要能做好，求职时即使只给三分钟，也能讲清楚。如果讲了十分钟，听众还没听明白，人家可能就没耐心了。

第二讲是讲课。年轻老师刚上讲台很容易出现一个问题，就是没摆正自己的位置。刚毕业的博士，研究方法是武装到牙齿的，掌握的文献是最新的，为什么给本科生、研究生上课时往往得不到学生认同，教学评估的分数偏低呢？原因在于，他可能有意无意地想跟学生证明他有学问。但是，你能站到讲台上，本身就证明你有学问。讲课的目的是传授知识，帮助学生培养获取、更新、创造知识的能力，不是为了炫耀自己的学问。我们讲课时一定要提醒自己，学生听不懂，只能说明我们自己不行，要么是我们自己没真正搞懂，要么是我们自己没讲清楚，反正是我们自己有问题。

第三讲是开会。我在学界混了二十多年，有个自己满意的记录，就是会议发言从来不超时。做到这一点是不太容易的。从香港到美国去开会，从家门到酒店的房间，最快也要 24 小时，一来一回是 48 小时。为了开会，最少要在美国住两天，加在一起就一百个小时了。机票、住宿、吃饭都是要花钱的，两万港币花销。一百个小时、两万港币，换来的就是 15 分钟的会议发言时间。我们很可能会觉得尽量多讲点，不然

> 讲课的目的是传授知识，帮助学生培养获取、更新、创造知识的能力，不是为了炫耀自己的学问。

觉得花那么多钱、花那么多时间很冤枉。但我希望大家注意，最好不要超时，一旦超时，你讲得越多，每分钟的价值就越低。只要你充分利用好这15分钟，为这15分钟花出的代价就值得。

很多人，特别是资深学者，一到会议发言就混淆自己的角色。学者一般以教书为职业，教师当久了很容易自恋，太把自己当回事（self-important），觉得自己讲的东西都重要。实际上，你即使在课堂上胡说八道，学生往往也不好意思赶你下台。如果以这样的自恋心态去国际会议上发言，那就麻烦了。参加国际会议是为了向同行汇报、请教，不是讲课。有的学者，尤其是做定量研究的学者，在15分钟的发言时间里，花12分钟讲各种技术细节，比如样本是怎么抽出来的、问卷是怎么设计的、缺省值是怎么处理的、模型是怎么检验的，讲了半天还没讲到要点，时间快到了，最后草草收场。这样的人给我的印象就是，他不知道自己到底要说什么。开会时我们要不断提醒自己直入主题，提出观点（get to the point）。社会科学跟自然科学不一样。我们确实不可能在几分钟里讲清楚量子力学、黑洞、宇宙大爆炸这些东西，但是我们是研究人类政治行为，我不相信需要超乎人类理解能力的语言，不相

在开会时，我们一定要 get to the point，只有这样，你才能通过学术会议建立一点地位，赢得同行一点尊重。

信需要那么久才可以讲清楚一个研究发现。所以，在开会时，我们一定要 get to the point，只有这样，你才能通过学术会议建立一点地位，赢得同行一点尊重。

研究经费申请

学者用财，取之有道。

　　如何申请研究经费（grantsmanship）是学院公布的讲课提纲里提到的内容。我这里只是简单讲几个年轻学者不太容易注意到的要点。标题是我 2006 年在中国人民大学讲的时候就用过的：学者用财，取之有道。当然，我这里讲的是申请研究经费，不是申请项目经费。经费掌握在学术机构手里，就是研究经费；经费掌握在非学术机构手里，就是项目经费。我先把这一点讲清楚。

　　研究项目的评审跟论文发表时的评审非常相似。我已经讲过了，发表时，审稿人要发挥两个作用：一是把关，二是帮作者把研究做得更好。研究项目的评审与此类似，评审人一方面要把关，判断你值不值得拿这个钱，另一方面是要告诉申请人，研究设计可能存在他没有注意到的问题。所以，我们要明白，研究计划是写给同行看的，没必要吹牛，不要觉得把自己吹嘘得很了不起才能拿到钱。

当然，写研究项目申请书不完全等同于写学术论文。写学术论文是个收的过程，是做完研究以后把结果收束起来，变成一个完成的产品。写课题申请则是个放的过程，发散的过程，要说这个问题目前已经做到什么地步，本研究会带来很美妙的进展。所以，写文章要小心谨慎，写研究申请不妨大胆一点。

还要注意，论文评审是双向匿名，作者不知道审稿人是谁，审稿人也不知道作者是谁。申请研究经费是单向匿名，评审人知道申请人是谁。我听说国内现在有的项目申请是双向匿名，这是歪门邪道。判断一个课题是否值得支持，很重要的依据是申请人的资格，如果评审人不知道申请人是谁，不知道他以前做过什么，凭什么判断他该不该拿到资助呢？评审论文时，哪怕知道作者是谁，审稿人也不能把这个因素考虑进去。评审研究经费申请时刚好相反，同样的申请书，我去申请，人家可能给钱，换个人去申请，哪怕是一模一样的内容，可能就不给钱。我不是自吹自擂，但我确实遇到过几次，评审人说这个项目非常难做，但是因为申请人是个很有经验的研究者（seasoned resear-

写学术论文是个收的过程，写课题申请则是个放的过程，发散的过程，

cher），就是经历过一番风霜考验的研究者，所以还是投赞成票。学者在学术领域里要有自己的身份，要有自己的记录。建立这个记录，一开始是比较难的，但是建立起来以后有长远好处。有些年轻学者觉得自己生不逢时、怀才不遇，有些时候是陷入了心理误区。我们永远不要去期待别人欣赏你的潜力、购买你的潜力。你先创造个扎实的记录，才能引用你过去的成绩让人家相信你有潜力，相信给你的研究投资会有回报。

我们在申请课题时，跟做论文一样，最重要的是选题。你选了一个重要的题目，机会就有了一半。如果你选的题目无关紧要，机会就很小。太过投机当然也不行，前段时间有个笑话，说有人研究周永康的法治思想。周永康主管政法委那么长时间，当然有他的法治思想。但是，这是不是个学术研究的题目，可能要打个问号。

至于项目书具体怎么写，我就不细讲了。大家可以去参考 Adam Przeworski 和 Frank Solomon 写的一个小册子，叫 *The Art of Writing Proposals*（《撰写课题申请建议书的艺术》），网上一搜就可以搜到。还有几点要提醒大家。第一，写课题申请时要说服人家你有能力来做这个研究，这就像写文章一样，需要准确把握现有研究，通过讲现有研究的不足来证明你有能力做得更好。第二是预算。做预算时千万不要出现那种很可疑的项目，比如杂项开支十万人民币，这就等于自己邀请评审枪毙你的申请。还有个细节是文献目录，一定要选择最新、最权威的文献。如果你 2015 年申请课题，而你的最新文献是 2012 年的，或者说有一篇公认最重要的文献没出现在你的文献目录里，就可能出问题。文献的格式也很重要，就像 Przeworski 说的，很多人评审时实际上先看文献。如果项目书的文献目录乱七八糟，那就没任何机会。

自我实现

我们最后说一下名和利。学者当然要图利，没有利怎么生活呢？学者不能让家人过上中等的物质生活，是个人的耻辱，更是社会的耻辱。学者当然也要求名，不求名活着有什么价值呢？我们要在学术界生存，唯一的目的就是要建立自己的学者身份，而建立学者身份就是要创新、要承传，就是要突破自己的极限、突破学术界的极限，只有这样，我们才能在学术界有自

> 我们要在学术界生存，唯一的目的就是要建立自己的学者身份。

为了抬高自己
的身份轻率提
出某某学，动
辄自封某某学
派，对学者特
别是年轻学者
是个十分危险
的诱惑。

己的名声。当然，名声有实的，也有虚的，我们要追求的是那些实的名声。但是，就像叔本华说的，"财富如海水，越喝越渴——名声亦然"。学术界有些人非常热衷搞学派，热衷拉一帮人创什么什么学，这就走偏了。我研究信访这个现象，是不是有必要搞个什么信访学呢？我觉得没这个必要。80年代初中央说要重视人才培养，当时有两位先生搞了个人才学，《光明日报》头版报道，两位先生到重点大学巡回演讲。现在还有人提人才学吗？当然，我们对这样的现象也要有点包容。但是，我们要注意一点，为了抬高自己的身份轻率提出某某学，动辄自封某某学派，对学者特别是年轻学者是个十分危险的诱惑。学者要自信，但不能狂妄。不过，要实现和保持心理平衡，需要很好的修养和自我调节能力。在学术界，尤其是社会科学和人文学科，要建立有底气的自信是很困难的。很多时候，学者们好像特别乐于彼此贬低、彼此怀疑，甚至彼此攻击。同行之间如此，学科之间也如此。比如说，经济学家看不起社会学家，社会学家看不起政治学家，政治学家看不起伦理学家，伦理学家看不起哲学家，哲学家可能还看不起文学家。这都是不健康的心态。在体育运动里，你说你跑得快，我说我跑得快，那就到运动场上比比好了，用不着打口水仗。但是社会科学界、人文学科界、艺术界往往缺乏客观的标准，很难判断谁做得更好。有的人就把自己所在学科最优秀的成果变成自己身上的光环。假设一个人是学经济学的，另一个人是学社会学的，经济学作为一个学科可能比社会学高明成熟，但这不意味着经济学家可以看不起社会学家，因为任何一个经济学家都没资格把经济学的光环变成自己的。如果多数人这样想，学术界就健康多了，也不会为了成立一个什么学派那么处心积虑了。

我觉得国内有极少数老师不是在教书育人，也不是在利用年轻的学生，而是扎扎实实地在毁灭人才。如果老师告诉学生这个课题方向是可以做的，学生做完以后有了独立的学术身份，对老师来说其实也有好处，因为学生的成绩也是他的成绩。但是，有些老师是在误导年轻人，最有效的误导方法就是培养学术明星，制造学术天才，甚至奇才。还有就是要求学生做自己做不到的事。很多书自己没看过，可能也看不懂，却偏偏要求学生必看，仿佛自己看过，也看懂了。更等而下之的是让学生吹捧自己，像《天龙八部》里那个丁春秋一样。这些不健康心态，压根儿就是自我膨

误导年轻人，最有效的误导方法就是培养学术明星，制造学术天才，甚至奇才。

222

胀，结果是一些学者自觉不自觉地变成了邪教头，表面看起来是个学派，实际上是个 cult（邪教）。年轻的老师，尤其是年轻的学生，对此一定要提防，不要因为哪个学者名气大了就觉得他多么了不起。判断一个学者有没有本事、有没有底气，最简单的办法就是看他会不会自嘲。如果一个人在任何场合都说自己的研究如何了不起、自己如何聪明，那这个人就一定有作伪的一面。他可能不是一点本事也没有，他可能有一滴水，但吹成了一个泡。有时候我觉得我不应该在学术界混，因为我的个性确实不太适合学术界这样一种生存环境。尤其是去美国开会时，每次听到那些年轻的学者、年轻的研究生在台上自吹自擂，我都替他们感到很难为情。难道你们就活得那么没自信吗？那些自吹自擂的人在吹嘘自己的时候，是不是其实都透露了他们的焦虑？

炒作这个问题，我四月份在上海讲过，今天就不具体说了。就像季羡林先生说的那样，你可能有点本事，是一块儿人造黄油，放到汤里，能看出一点油珠来，但如果去炒作自己，就相当于拿人造黄油煎东西，一下锅就变成一缕青烟了。学术界当然有天才，但是你什么时候听说爱因斯坦教别人怎么做物理？陶哲轩会开讲座跟你说怎么研究数学吗？张益唐开个讲座也无非是满足大家的好奇心，让你看看他这个人是怎么回事，为什么那么大年纪还能在数学上做出成果。你听了他的讲座也还是不知道怎么做数学。超人的天才是有资本炒作的，但他们不会炒作，炒作的人往往是失心的疯子。

打个比方，学术界的那些天才，他们的腿就好像有一百米长，甚至上千米长。从一个山头到另一个山头，他们一步就跨过去了。但我们不行，我们的腿只有一米长，顶多一米半。我们怎样才能从这个山头到那个比较高的山头呢？我们只能从这个山头走下去，再爬上那个山头。这个过程是怎么实现的？往下走的时候要走到低谷，往上爬的时候要过高原区，这个时候怎么坚持下来呢？天才没办法告诉你，因为他根本就没有这样的体会，他一步就跨过去了。很多人是从一个比较矮的山头走到低谷，然后再慢慢爬上来，克服了高原区，爬到一个更高的地方，这些人是不是就能教你怎样做呢？也不一定，因为还有两个条件：一方面，他要记得这个过程，他要记得从一个山头走到低谷的那种绝望，要记得在高原区行走很久都没进步的那种焦虑；还有更难的一面，他要愿意跟你做朋友，愿意跟你讲真心话、良心话，把实情告诉你。后者其实更难，我们哪怕是一步步爬过来的，也愿意让别人相信自己是一步跨过来的。各位要么已经是很好的老师了，要么将来会成为很好的老师，我觉得要当好老师，最重要的就是两个功夫。第一，我们要记得自己从比较低的山峰走到低谷，再走过高原区，爬上一个更高的山峰的过程。第二，我们对学生要完全坦诚，坦率地跟学生讲自己的学习过程，学习就是这个样子的，我们就是这样走过来的。

我今天能站在这里跟各位讲这些东西，要感谢很多老师。我运气很好，从小学到博士，都遇到了很好的老师。对我影响最大的是南开大学的车铭洲老师。我曾经跟他讲过很多让我很焦虑的事情。比如我当时问他，为什么我学英语这么长时间总也不进步？车老师说，这叫高原现象，你到的地方越高，往上走就越难，你很长时间觉得没进展是正常的，等你再往上走终于突破高原区的时候，你自己都不知道。这解掉了我当时一个很大的困惑。

我1978年进大学，那个时候全民学英语。我中学时没学过英语，进了大学以后从零开始，压力巨大。很多同学学过好几年英语，上课时人家在那里念课文，而我连 26 个字母都认不全。有段时间我不想学了，因为那么多基础很好的人都在学。车老师用一句话就解决了我的问题。他说，学的人很多，学好的很少。

第三个我永远忘不了的教训，或者说经验，是有次我跟车老师说，我晚上躺在床上的时候感到很惶恐，觉得自己什么都不会，脑子空空的。车老师说，我们学过的知识会忘掉，但是在学习过程中获得的能力是忘不掉的。听到这样的话，你会不会觉得很有信心，觉得自己还有点东西？要克服焦虑，建立信心，我们需要多少呢？不需要多，知道车老师指出的这一点就可以了。

学者追求什么？学者不能追求成就感，不能追求成功，因为成功是由别人来肯定的。我从来不追求成就感，我没什么雄心壮志，但是我有个追求，就是刚才跟各位强调的自我实现。祖祖辈辈给我们留下来的这点聪明才智是我们的资产。从小学开始，社会就给我们提供了很多特权，我们能上大学是以很多人不能上大学为代价的，我们能做学问是以很多人做那些枯燥的、重复的、无聊的，甚至折磨人的工作为代价的。我们有这么优越的条件，遇到了这么多好老师，我们要努力实现自己的价值，这样才没白活。别人承认不

> 我们学过的知识会忘掉，但是在学习过程中获得的能力是忘不掉的。

承认我不在乎，我也不追求别人的承认。

只要是实做研究，不是单纯做文章，永远不会驾轻就熟。

选题就是自讨苦吃，材料永远繁杂难解，文献总是半生不熟，分析必须挖空心思，写作始终惨淡经营，发表永如万里长征。

学者不必追求什么成就感，更重要的是要追求自我实现。

"学术的艰辛和愉悦都在极限工作，以求不断突破自我。只要是实做研究，不是单纯做文章，永远不会驾轻就熟。有研究经验，能知道黑暗中大体摸到何处，离洞口尚有多远，少些惶恐茫然，多点耐心坚韧。已有的成绩，只是自信的凭据，不是成功的保证。除非甘心自我克隆，否则选题就是自讨苦吃，材料永远繁杂难解，文献总是半生不熟，分析必须挖空心思，写作始终惨淡经营，发表永如万里长征。天才自当别论，'忽悠'更须别论，中人之材而有志于学，听听实话，或许有助于增强耐心韧性，少受以顺为逆之苦。"这段话是我 2009 年写的，其实就是讲一个道理，我们作为学者不可能进入炉火纯青、驾轻就熟的阶段。哪个学者跟你说他现在做研究驾轻就熟，那一定是撒谎。张益唐先生这样的数学天才现在日子过得好吗？如果他还像以前一样做研究，那一定过得不那么好；如果他觉得日子过得很惬意，那就证明他已经不做研究了。学者不必追求什么成就感，更重要的是要追求自我实现。

结语：　学术生涯是一场漫长的比赛

最后我想说的是，学术生涯是一场漫长的比赛。我们要调节心情，或者说要明白，想做好一个学者，就不能把学术当成一个很神秘的东西。千万不要让人家觉得做学术研究如何如何难，如何如何了不起，如何如何有方法、有技巧。没有那么多东西，自己动手去做就行了，做一做你就会了。就像学书法一样，我推荐各位看《启功给你讲书法》，很薄的一本书。启功先生跟很多文人、有些学者最大的区别在于，他讲的都是心里话。当然，学术有没有技术呢？有技术，加州大学伯克利分校政治学系原来的系主任 Aaron Wildavsky 写过一本书，书名就叫 *Craftways*：*On the Organization of Scholarly Work*（《手工之道：如何经营学术生涯》）。他强调做学术跟做手工、做工艺品一样，有很多技术活要做。这本书也值得大家看。另外，我们刚才提过了，如果要写研究经费申请书（proposal），可以参考 Adam Przeworski 和 Frank Solomon 写的 *The Art of Writing Proposals*。

方法论的书值不值得看呢？我告诉各位，首先，要看看这个作者是不是做研究的，不做研究的人写的方法论书不要看。其次，要看看这个作者是在什么地方做研究。政治学里的方法论经典 KKV（*Designing Social Inquiry*：*Scientific Inference in Qualitative Research*《设计社会探究：定性研究中的科学推理》）值得看，但是千万不要把这本书当作实际的操作指南，不要太高看自己。这本书的三位作者 Robert Keohane，Gary King 和 Sidney Verba 都是天才，而且他们都在美国顶尖的大学任教，我们既不是天才，也显然不具备他们具备的研究条件。如果拿他们的标准衡量自己，那是自讨苦吃。KKV 的书要看，但看的时候就相当于读马克思。我们通过读马克思知道了什么是共产主义，但这是不是等于说我们现在就要达到共产主义呢？这是要打个问号的。KKV 的书假定学者有无穷的才能、无限的自由、无尽的资源，我们能做到吗？你可以心向往之，但是想在学术界谋生存，还是应该脚踏实地。

最后一点想跟各位年轻的老师讲的，就是千万不要着急。按照日本的围棋赛制，每方八小时或六小时，保留读秒时间，一盘棋下完往往需要两天时间。最后的胜负是多少？不少情况下是半目棋，折合成中国的算法就是四分之一子。学术界争的是什么？争的是提高自己。只要你在提高自己，那么你这个学者就没白当。

学术界争的是什么？争的是提高自己。只要你在提高自己，那么你这个学者就没白当。

附 录
从师三十年散记

车铭洲教授在南开大学执教已经整整 50 年了。我与车老师的师生缘已结 32 载。这期间，我当了三次学生，三次教师，出入六所大学，履历平凡得无以复加。然而，写不进履历但深深刻于记忆中的，是起起伏伏与磕磕绊绊。幸有车老师呵护，我总能走出黑暗，克服迷茫。几次关键转弯，都是车老师帮我掌舵。六年前，我在给妻子的信中说："没有他的鼓励，我肯定不会有今天。"

口 试

第一次见到车老师，是 1980 年 6 月。西方哲学史期末考试，口试。学生按指定时间到，抽一张试题，准备半小时，然后应考。我抽到的题目是关于康德哲学的。康德的书，去年夏天才在图宾根的书店翻过几页，纯粹出于好奇，想看看他的德文是不是真那么长，从句多得十个手指不够用。我对康德哲学懂多少，自然不须深究。看了题目，似懂非懂，半小时过去了，还是似懂非懂，只好硬着头皮见考官。

主考有三位老师，王勤田老师和张青荣老师分别讲授古希腊罗马哲学和十八世纪英法哲学，熟悉。另一位老师没见过。我小心翼翼回答完问题，心虚地问：对吧？一位老师显然觉得有几分好笑，严肃地说：这是考试，问你呐。我一时语塞。这时，我不认识的那位老师开口了。他不紧不慢，轻声细语，讲解康德哲学中的范畴、理念、观念、上帝几个词的意思。我连连点头，心想，听说康德的书跟天书一样，他怎么用这几个词，我怎么可能搞清楚？

考试结果出来，我居然得了 85 分。庆幸之余，很感激老师们高抬贵手。大学四年，修了三十几门课，唯独清楚记住了西方哲学史的成绩，就是因为这别开生面的最后一课。

后来才知道，那位把口试变成授课的老师，就是车老师。再后来，我渐渐明白一个道理：教师的天职是教学生，授课与考试都只是教育手段。

治　学

　　师母用一个字概括车老师治学：苦。车老师不言苦，只说做学问必须"坐得住冷板凳"。车老师的苦功和坐功，同学们没有不佩服的。临近毕业时，张敏兄问过我一个问题，是为生活而学问，还是为学问而生活，就是有感于车老师治学太苦。我清晰记得车老师坐冷板凳苦读的情景。我开始登门求教时，车老师刚搬出集体宿舍，一家三口住在学三食堂北面最后一排平房最东边的两间。进门一间，左手靠墙一张书桌，上面摆着一台英文打字机；靠东北角的墙根是车颂的单人床。右手一间，是车老师与师母的卧室，也是车老师的书房。一个冬日，我去请车老师看一封信。进门，车老师正坐在木椅子上伏案埋头读书。屋里冷如冰窖，炉火虽旺，车老师仍然披着大棉袄。那一瞬间，定格在我记忆中，成为我对冷和苦的直观理解。

　　坐冷板凳，需要定力；下苦功夫，需要忍耐。定力和耐力，归根结底是意志。有志于学，车老师称为"想学"；笃志于学，车老师称为"真想学"。1986

年，哲学系学生会组织了一次座谈，主题是怎样学英语。我听说车老师主讲，就去听。主楼317教室坐得满满的，气氛热烈。主持人致开场白，请车老师发言。车老师接过话筒，开口就问：各位同学想不想学英语？听众显然有几分意外，坐在前排的几个同学小声说：想学啊！车老师接过话："想学？真想学还是假想学？真想学？那就学啊！只要学，怎么学都能学会！"接着，他讲了个小故事。十月革命后，列宁让苏共高级干部写文章。不少高干说，列宁同志，我们不会写。列宁说，关键是想不想写，不想写，永远不会写；真想写，写写就会了。

在学英语上，我能体会车老师讲的道理。读不懂，反复读；听不懂，反复听；记不住，反复记。不学，什么办法都没用；真学，慢慢地就摸索出适合自己的方法。惭愧得很，车老师论学哲学，讲的是同样的道理，我却没多少体会。他说，一开始看康德的书，看不懂。硬看，反复看，慢慢就看懂了。车老师曾给韩旭师兄和我讲罗素哲学，读《人类的知识》，一字一句地解读分析，可以想见他是怎样硬读的。我没学懂哲学，因为我并不真想学，没下过硬功夫。

车老师说的真想学，我体会至少有四层意思。真想学，就不在乎别人学不学，也不在乎别人学得怎么样。大学三年级时，我与车老师比较熟了。一次，在他家里，我说刚入学时因为英语基础等于零，对英语课怕得不得了，又见同学们个个用功学英语，而且几乎人人基础比我好，就不想学了，觉得再怎么努力也赶不上别人。车老师回答说："学的人很多，学得好的很少。"

真想学，就会努力学好，不会满足于差不多。有记者问季羡林先生，学那些早已作古的文字，如梵文、吐火罗文，有什么用？季先生淡然地说："世间的学问，学好了，都有用；学不好，都没用。"什么时候算学好了？季先生没说，我觉得车老师的话隐含了答案，那就是人少。无论学什么，同等水平的人少了，就是学好了。

真想学，就会对自己有耐心。学英语是慢工夫，往往投入很大，收效很小。聪明人遇到这样的情况，很容易失去耐心，因为他们觉得如果把时间花在别处更有成效。真想学的人，下了功夫不见效果，会觉得理所当然。不急不躁，耐心学下去，慢慢就学会了。有一段时间，我觉得在英语上用功不小，水平却原地踏步，不由得怀疑自己的语言能力。车老师说，这是学习过程中的高原现象。任何学问，达到一定程度，就像是上了高原，再攀高一步要加倍努力。

真想学，才能埋头耕耘，不问收获。学者不可能不在乎学术成果，不过学术成果的有无和多少，并不总与学识和能力成正比。真想学，会更看重能力的提高，少计较成果的多少。有一次，我跟车老师说，有时晚上睡不着，躺在床上想想，觉得脑子空空的，什么都不会。车老师说，空空的是知识，知识很容易在记忆中消失，但是能力不会随着知识消失。

点　拨

车老师讲课时，谈吐幽默，妙趣横生。课堂之外指导学生，则从来都是轻轻点拨。即使是有关重大问题的重要提醒，也似乎只是随口说说。言者有意，还要看听者是否有心。一开始，我不知道这是他的风格。后来，承蒙武斌师兄指点迷津，我才明白。回顾起来，正是车老师几个轻描淡写的说法，让我在学业上没有远离正轨。

大学三年级，为了学英语，张光兄发起，张敏兄和我参与，一同翻译 Armand A. Maurer 的《中世纪哲学》。后来，他们两位兴趣转移，张光兄、春平兄和聿飞兄各译一章，其余的我自己慢慢啃。译完三分之二，我觉得语法词汇没有难点了，想终止。车老师并不讲"行百里者半九十"的大道理，轻描淡写地说：还是翻完吧。我就把书翻完。

大学毕业那年，考研失败，我被分配到抚顺石油学院马列教研室当助教，满心盼望当年就考研究生，无奈单位不准。我听从车老师的建议，继续在英文上下功夫。先翻译苑莉均师姐提供的语言哲学资料，后来在武斌师兄主持下翻译休谟书信。有一段时间没有哲学资料可译，就看梁实秋先生主编的《远东英汉大词典》。1984 年初夏，我从武汉回抚顺，中途到天津，跟车老师汇报学英语的成绩，说笔译基本过关了。车老师表示嘉许，同时建议我在听和说两方面下功夫，"全面掌握英语"。那时，我的英语是纯粹的哲学书面英语，日常英语几乎是空白，听力没有系统训练过，口语能力似有若无。我一向胸无大志，觉得能翻译哲学文献已经够了，从未想过英语全面过关。车老师说应该全面掌握英语，我才朝这个方向努力。我回到抚顺后，借到两位美国老师录制的《新概念英语》第四

册，按照车老师传授的办法，先硬听，记下课文，然
后核对，每天早早起床，到学校操场大声背诵。听力
提高了，英国文教专家也到了。因为能听懂，就有胆
量找机会说。1985年秋天考回南开时，我的英语听力
和口语基本上"学好了"，开始承担英汉口译。

我的英语，就是这样在车老师的点拨下一点点学
会的。

尊　师

车老师十分尊重他的北大老师，特别是王太庆先
生。王先生精通多国语言，专心翻译西方哲学经典，
成就之高，后学无人能望其项背。王先生学问精湛，
但因为"派曾右"，著述较少，到1980年代中仍是副
教授。车老师虽然已经是正教授，但尊称王先生为
"教授的教授"。一次，全国外国哲学学会在贵州开年
会。会议期间安排游览。车分二等，有小轿车，有大
客车。会议组织者宣布：正教授坐小车，副教授坐大
车。王太庆先生是副教授，很自觉地去上大车。车老
师是正教授，跟着王先生上大车。工作人员说：车老

师，您坐小车。车老师说：谢谢了，我陪着老师。给我讲这个小故事时，车老师风趣地说，有些人，外出游览神气活现地坐小车，开会时却上不了台，只有听的份儿。有的老先生，没资格坐小车，开会时坐在主席台上。师母在旁边听着，评论说：那些只会抢着坐小车儿的，都是"土豆山药蛋"。

惜　才

师母常说："你车老师就是爱才。"车老师爱才，是纯粹的惜才。如果他认为学生有某方面的才能，一定尽力帮助这学生充分发展这才能。惠民师兄有政治才能，车老师支持他从政；佳杰师兄有经商才能，车老师赞成他下海；江怡师兄研究语言哲学有独到见解，车老师鼓励他坚守专业。车老师指导的研究生，有继承师业的，有在大学担任重要行政职务的，有在出版界负重要责任的，有在美国公司研究人工智能的，还有在美国州政府参与准备财政预算方案的，从业不一，都能人尽其才，这不能不感谢车老师。

车老师十分关心学生的健康，多次提醒我注意锻

炼身体、保证营养。但他不赞成年轻人贪图安逸。车
老师评论说，学问好了，一切都会有的，年轻人，不
要早早地"小锅儿叮当"地过日子。他的批评，也纯
粹出于惜才。

达　观

师母说，车老师从来不失眠，"躺下就着"。学者
中，睡眠好的如凤毛麟角。车老师治学认真严谨，但
拿得起来放得下。这境界，"达观"二字仅能道得一
二。我的体会是，太把自己当回事，就会把自己做的
事太当回事，从而把自己关心的事太当回事。所以，
不克己，不忘我，不无我，想寡忧少虑，如缘木求鱼。
车老师的达观，大约是来源于他对自己的"轻看"。

我说车老师"轻看"自己，只有间接的依据。车
老师当年住的平房，是最北面那一排的东北角，屋后
就是空旷的操场，冬天北风一起，屋内极冷。他住北
村时，八号楼和九号楼的八个角，住着南开八个中年
学术骨干。我记得五个，是物理系的谭老师，外语系
的钱老师、常老师，哲学系的方老师、车老师。车老

师议论这个现象，就像在说笑话。车老师大约与"角落"有缘，他现在的住所，也在一个角落。

对利达观，千难万难；对名达观，近乎不可能。文人好名，早有定论。其实，世人皆好名。杨绛先生记述下乡改造，说上级要求"诗画上墙"，被改造的知识分子作诗，署负责改造的村干部名，朴实的农民兄弟见自己大名上墙，"喜得满面欢笑，宛如小儿得饼"。车老师是名教授，是实；但他一点名教授的身段也没有，是更实在的实。车老师搬到西南村后，我去看他，走时他送我到楼下。上了车，出租车司机说："这老头儿好，没架子。"司机师傅当然不知道车老师的身份，但他知道"这儿住的都是大脑袋"。

车老师的达观，自然而然地惠及学生。国均师兄和梁骏师兄说，跟车老师谈完话，总会觉得特别有劲儿。这个概括很传神。无论什么时候，无论世间发生了什么事，车老师总是充满信心。我敬重的一位近邻称车老师这样的人为"不可救药的乐观主义者"。车老师对他的每个学生都充满信心，对学生的未来充满希望，学生们因为老师的肯定而产生自信，就比较容易从无望到有望。这方面，我像车老师的其他学生一样，受益良多。

车老师达观，表现在他看什么人都好。车老师曾说，他的缺点是看不到别人的缺点，这或许与他出身北大有关。张中行先生是老北大，他议论老师辈的老北大梁漱溟先生，说梁先生戴的眼镜是 GOOD 公司生产的，看到眼里都是好人。张老先生为此感到可悲，甚至静夜沉思时悄然泪下。车老师也戴着这样的眼镜，他的学生们却应该深感庆幸。一些良好品质，学生向往有，但暂时没有，车老师透过 GOOD 眼镜看到了，表示称许，学生于是加倍努力，慢慢地就培养出自己向往的品质。

车老师达观，与世无争。他治学勤奋，兢兢业业，只求提高自己，绝不贬抑他人。车老师尊重同事，从来不因为哪位同事业务水平稍逊而少丝毫尊重。这方面，我想学，努力学，但学得不到家。

智　慧

据传，禅宗达摩祖师评价四大弟子，曰：道副得其皮，尼总持得其肉，道育得其骨，慧可得其髓。来新夏先生感慨启功老师弟子众多却无一人尽得其传。

也许，大师之为大师，就是没有哪个弟子能完整继承其衣钵。师母说，车老师常告诉客人，他的学生已经超过了他。我始终认为，在具体知识上，车老师的学生能在某些方面超过他，但在智慧上却不免望洋兴叹。我越来越能体会车老师的智慧，但常常无法行出智慧，尤其是在以下三个方面。

顺其自然的智慧。在哲学系的老帅中，车老师以不锻炼身体著称。不锻炼，并不是不注意健康，只是不勉强，不硬撑。有一次，车老师谈到几位老教师相约早起游泳，其中一位身体不适，勉强赴约，反而有损健康，车老师评论道：年轻人有弹性，能硬撑，但也有限度，不能绷断弦；老年人脆弱，撑不起，千万不要勉强。

尊严自保的智慧。自保而不失尊严，很多时候近乎不可能。"文革"时的一个"文化"创新是，商店买东西，与售货员对答，说话前先来一句毛主席语录。予生也晚，未躬逢其盛，听了姜昆和李文华的相声《如此照相》，有点半信半疑。车老师说，确有其事。我问，那得背多少语录？背错了怎么办？车老师说，不会背、背错了都买不到东西，但是他从来没有遇到过麻烦，无论对方说什么，他就是一句话："毛主席万岁。"车老师的自保智慧，惠及学生，我是受益者。

独立思考的智慧。车老师的学生，都知道他"怪论多"。老同学王之刚兄生动记述了车老师的"知识分子爱睡觉论"。刘泽华教授的高足葛荃师兄告诉我，他讲授杨朱"拔一毛利天下而不为"，采用通常的解读。听课的车老师问："拔一毛利天下而不为，舍全身利天下如何？"葛兄说，通常的推论是：一毛尚且不拔，必然不肯牺牲性命，车老师的问题，提醒我们检视这类推论。车老师器重独立思考的学生。周绍强兄是全系有名的怪人，特立独行，暑假当临时乞丐，深夜独游黄河；思想比行动更特异，毕业后蛰居云南山沟，几乎与世隔绝，独辟蹊径创建广义辩证地缘政治论，玄妙精微，高深莫测。车老师欣赏绍强，认为"只有这样的学生才可能成为真正的哲学家"。

一件小事让我对车老师独立思考深有感触。车老师爱猫。我印象深刻的是一只黄猫，干净利索，冬天常卧在暖气包上睡觉，有客人来，有时会偎着客人。师母说，车老师晚上用功，这猫陪着他，坐在台灯边静观。师母说，这猫通灵，有一次，她因为什么事数落车老师，正抱着这猫，小猫忽然好像生了气，"站起来打了我一巴掌"。有一回，车老师正送我出门，热心的邻居送来了猫鱼。小猫急着要吃，车老师先把它关在卧室，然后把猫的饭盆拿出来，蹲在走廊小心去掉可能卡猫嗓子的鱼刺。我看得有趣，忽然想到不喜欢猫的鲁迅先生，说鲁迅先生仇猫。车老师一边拌猫食，一边说："老先生乱发挥。"

待　续

写这篇散记，是为了庆祝车老师执教半个世纪，更是为祝愿我们的师生缘至少再续32年。所以，这篇散记会继续，首先在生活和工作中。我自己的教龄，已经超过20年。不过，离退休还有一段时间。我会继续效仿车老师，像他对待他的学生一样关心我的学生，延续车老师的教泽。

（本文一部分以"'想学'与'真想学'"为题发表在《中国青年报》2012年9月10日，第2版；另一部分以"老师车铭洲"为题发表在《新天地》2012年11期，第10-11页。）

＊＊＊

车铭洲教授，1936 年生，山东宁津人。1962 年毕业于北京大学哲学系，同年开始在南开大学哲学系任教。著有《西欧中世纪哲学概论》、《现代西方五大哲学思潮》；合著与主编有《现代西方哲学概论》、《现代西方的时代精神》、《现代哲学思潮与青年思想教育》、《现代西方哲学源流》、《现代西方语言哲学》、《现代西方思潮概论》。曾任南开大学政治学系主任，法政学院院长，教务长。2015 年，南开大学出版社再版了《西欧中世纪哲学概论》和《现代西方哲学概论》，作为南开大学百年学术文库的一卷。

后 记

　　钱钟书先生 70 岁以后谢绝了美国几所名校的讲学邀请，自嘲说：老了，还跑什么江湖？当然，我绝对不敢跟钱先生比，也还不能算老，但确实觉得这两三年花了太多时间和精力"跑江湖"。唯一能安慰自己的，是确信卖的是自己信以为真的药，不是贩卖堂而皇之的假货。当然，药效如何，我毫无把握。

　　去年 10 月，刘鹏博士转达杨开峰院长的邀请，让我到中国人民大学公共管理学院跟年轻老师谈谈如何做中国研究以及如何在英文学术期刊上发表文章。我不觉得自己有资格讲这个题目，但碍于情面不能谢绝，就编造了几个假大空的题目，想让杨院长收回成命。不过，杨院长格外开明，刘鹏博士十分热心，最终我还是到了人大。既然上了台，总是不想砸自己的场子，于是认真准备讲稿，把一些不大适合公开讲的东西也搬出来了。一连六讲，约 18 小时，创了我自己的密集讲课纪录。

　　这里收录的就是六讲的内容。非常感谢管玥同学认真精密地整理讲座的录音记录稿。她补充了不少遗漏，纠正了很多错误，也指出了一些有待改进的地方，并且整理了一个目录，让松散的讲稿仿佛成了系统。

以上是我3月8日把讲稿放到微信朋友圈时写的后记。微信是微平台，只适合三言两语，把十万字讲稿放在微信，等于在行人匆匆的地铁站拉巴赫的小提琴曲，演得再好，也不会有几个人听。这一点，我是知道的。把讲稿放在微信，只是因为有个顽固的信念，觉得有心的年轻学者抽空看几眼不是浪费时间。我这几年在国内一些高校做了些关于研究方法的讲座。其实，我不喜欢以讲座的方式讲研究方法。首先，不老老实实做学问，到处讲研究方法，让人觉得已经堕落。讲研究方法很容易让人觉得是跑江湖，跑江湖的往往卖假药。其次，不结合听者自己感兴趣的研究课题，空对空地讲方法，用处不大。空讲方法很像学围棋研读王积薪的《围棋十诀》，也像学军事研读《孙子兵法》，对培养眼界有点用，对长手上功夫基本没用。我喜欢在系里给研究生讲方法课，因为是每周一次工作坊，围绕学生的研究课题展开，连续十几周。不愿意讲还讲，只是因为我的经历有点儿特殊。我跟在美国读博士时的导师欧博文教授合写过八篇文章、一本书。导师很有经验，也格外坦诚，把年轻学者容易遇到的许多问题详细地告诉了我。我也有不少撞南墙的经历。我觉得如果把我明白的东西告诉年轻学者，他们可以省点力气，少受点挫折。把讲稿放在微信圈，我自认为是做了一点学术公益。

田雷博士看到了讲稿，觉得值得探索出版的可能性。他有远大理想，我有义务支持，也很感谢他如此热心。不过，出版是大事。打个比方，讲课时只需要穿着整齐，上微信时系条领带，出版得西装革履。我一向认为，学者应该出版学术著作，也应该购买同行的著作。但是，我总觉得教师不应该让没收入的学生买自己的书，可是这本书主要面向不拿工资的学生。为了尽量求心安，我做了不少修订，把冗字删掉，也做了必要的补充。

田雷、胡鹏、霍伟桦、高翔指出了若干笔误，谨此致谢。欢迎各位朋友批评指正。意见请寄：lianli@cuhk.edu.hk。

最后，特别感谢刘海光编辑和田雷博士的精心制作。仰仗他们二位的艺术灵气和审美趣味，我才终于鼓起勇气把这本小册子题献给恩师车铭洲教授和慈爱的师母。

李连江

2016 年 5 月 3 日

不发表 就出局

李连江

究缺乏了解，再加上师生间经常存在的语言和文化隔阂，很容易在博士学习阶段理论和专业训练有余，学术发表和生存技巧习得不足。建议每位海外毕业的青年学者常备案头，不时翻阅。

纪莺莺
南京大学社会学院助理研究员，香港中文大学博士

天赋不可预期，技艺却可磨练，情志则应涵养。李老师知无不言，言无不尽，给新手研究者指点淬炼技艺和学品的"捷径"。反复研读，在选择议题、概念创造、凝练写作、拓展格局、反思自律方面，我皆有大收获。然而，借用李老师文中比喻，如果"知"与"行"之间的差别也是 99% 与 100% 的差别，这 1% 却是后学需以毕生之践行来弥补的。

陆 远
南大社会学院讲师，南京大学博士

对于所有人来说，最坏的时代，一定也是最好的时代。学术界同样如此。对年轻的学人来说，我们身处的这个时代，欲望如潮水，人生如草芥，一不留神就被连根拔起随波逐流，不知路在何方。这个时候，你特别希望听到一些真正有智慧的点拨，哪怕只言片语，都弥足珍贵。李老师把多年的职业经验，连同一腔热诚，倾注给还在苦苦攀登的年轻人，让他们在前行的路上，不至于歧路亡羊。读这本讲稿，仿佛看到一个眼角闪烁着智慧之光，又带着几分狡黠的智者，在远处友善地看着你。这样的智慧和友善，让人周身俱暖。

刘 凯
中国人民大学社会保障系讲师，香港中文大学博士

拿到讲稿，迫不及待地读完全本，同时想起在港求学时李老师课上课下的珠玑字语，似在昨日，犹在耳边。

宋小宁
中山大学管理学院会计系副教授，厦门大学博士

我们读了很多论文写作的方法论著作，为何还是写不出令人满意的论文？很多方法论著作缺失具体写作案例的重要细节，而正是这些细节连接成论文的实现路径。李老师以他

我想是不多的。所以要感谢您的教诲！这不是说我们自己的导师不好，而是，导师未必认真系统地告诉学生这些事是重要的，导师的经历和认识也是不同的。

肖 宇
华东政法大学副教授

————◦∞◦————

授人以鱼，也要授人以渔。李老师发表与审稿心得的分享，不弄玄虚，知有不言，言则有据。哲学出身的学者对学术社会的观察，一位真学者的情怀与功力！

耿 曙
浙江大学副教授

————◦∞◦————

都是最有用、最诚恳的研究与发表建议。根据个人经验，从没就读一本书，却能收获这么大的。建议已经在教学研究岗位上，或未来即将加入的伙伴，尽量做到人手一册，未来的研究发表，已经迈前一步。

常 健
南开大学周恩来政府管理学院教授、博导

————◦∞◦————

清晨打开书翻读，文笔亲切自然，如小溪般流淌，说述都是我们学术生活曾经和正在经历的鲜活问题，答案也都是作者自己的磨难和顿悟。很想一口气读下去，但又觉得那样太浪费，还是放在床头不时拿起来品读更易消化吸收。

苏福兵
美国瓦瑟学院（Vassar College）教授

————◦∞◦————

此书早出 15 年就好了。

项继权
华中师范大学教授、博导

————◦∞◦————

老师终究要退出历史，如果能将思想和方法留给青年学子，功莫大焉！此书是我们硕博必读之作，反响非常好！难得的学术精品！

詹 晶
香港中文大学政府与公共行政系副教授、系主任

中午收到了李老师的书，一直到傍晚看完，好看到简直停不下来！虽然有些章节之前在微信上看过，再看还是趣味无穷，好久都没有这种愉快的阅读经历了！

张楠迪扬
中国人民大学公共管理学院助理教授

一本凝结了李老师三十年学者生涯感悟的心血之作，全是干货、大实话。此书读来一气呵成，句句箴言，深感李老师对年轻学者的良苦用心，做学问的功夫和境界就是这样代际相传的。

朱光磊
南开大学教授、博导、副校长

做学问做到一定程度之后，写写这方面的东西，实际上的积极意义不比写一篇好论文小，甚至可能更大。

吴泽勇
河南大学法学院教授

一位准备踏上学术之路的青年学子，可能壮志满怀，却未必明白这一决定对其人生意味着什么。这个领域的"老司机"，则常常用一句"甘苦自知，不足为外人道也"隐去其学术生涯曾经遭遇的苦闷、困惑和挫折。李连江教授是个例外：他没把我们当"外人"，甚至没有把我们当成学生。无论就写作、发表之术，还是就研究、为学之道，李老师的演讲都堪称这个时代最具诚意的声音。

汪卫华
北京大学国际关系学院副教授

相信所有读过这本小书的同仁都会同意，《不发表，就出局》是当下少有的厚积薄发的良心之作。跳出故弄玄虚的套路点拨方法，引入纷繁复杂的学界一窥究竟，这

本小书堪称在政治学研究行当里"传道授业解惑"的极佳范本。在我看来，除却明面上所言的学术圈中的生存技巧，隐含于字里行间的规则意识与价值取向更是值得自己不断反躬自省的。

赵维俊
中国地质调查局沈阳地质调查中心博士

如果 10 年前读到此书，我的职业生涯可以改变。此书真诚地讲述，重点从实践中指导如何做研究，如何创新，如何发表。每个人都有自己的研究领域，唯一不完美的是，李老师是做社会科学研究的，如果研究的是理工类，对像我这样的理工类菜鸟就更锦上添花了。建议校园里的研究生每人必备一本，作为指导或者参考用书都可以。

朱诗睿
人在律途的文艺青年，选自"知乎圆桌"

对于做学术的人而言，选题，研究，写作三驾马车贯穿于论文的始终，是以夙兴夜寐，苦心孤诣而呕心沥血。这本书对于选题、研究和写作倒是举纲为要，读来深入浅出，条理分明，以学人举一反三的能力，不难触发此处共鸣并产生灵感。更为重要的是背后的机理和感受李先生也倾囊相授，可谓诚意满满。

天猫中国法律图书专营店读者 2016.12.06

中午拿到书就打开，看了快一半，良心之作。导师的存在就是给学生建议，选题是否有意义和价值，是否属于"重要"，毕竟刚刚进入研究生的学生只是开始从一个知识的接受者，向生产者或者准确地说搬运者的角色转变。太需要导师指导了，得到这本书真的很感谢。

豆瓣书评，港岛余兰达 2017.02.02

属于"一般人我不告诉他"的那种学术研究和发表经验，受益匪浅。可以作为社会科学新人的案头指导手册。正在写 political participation 的毕业论文，竟在这本书里有意外发现，excited!

信任，让我参与了这本书的出版过程，这只是一点微小的工作，却让我感到自己的价值所在。

彭长桂
内蒙古大学副教授，北京科技大学博士

我读这本讲稿时，心里想到的是清朝张潮先生在《幽梦影》中对读书与人生阅历的精彩描述："少年读书如隙中窥月，中年读书如庭中望月，老年读书如台上玩月，皆以阅历之浅深，为所得之浅深耳。"

刘军强
中山大学政务学院教授，香港中文大学博士

有话云，读万卷书不如行万里路，行万里路不如阅人无数，阅人无数不如高人指路。不过，李老师这些珠玑之言还得自己通过写作去亲自体悟。毕竟，不管听多少道理，应付生活还得靠自己。

袁方成
华中师范大学教授、博士

这些谈话给我们画了一个非常细致的研究技术路线图，很有启发！

肖 滨
中山大学教授、政务学院院长、博士

这种药葫芦不仅对年轻人实用，对我们这个年龄的人也很有用。

吴家虎
西安外国语大学思政部青年教师

读了您的《不发表，就出局》，其实年轻人学到的不是发表，而是如何立志静心做一个好研究，如何有做一个好学者的追求。这是做学术的人，不论水平高低，安身立命的正道。学术界不乏成果，大陆的博士生也在不断扩大规模，但能系统知道您讲的这些道理的，

写过的论文为例，娓娓道来其中的重要细节。这本讲稿解决了论文写作的实现路径问题，是一部令人爱不释手的论文写作指导手册。

朱江南
香港大学政治与公共行政学系助理教授，美国西北大学博士

貌似冷酷的题目后面是一位资深学者的肺腑之言。李老师为学术道路上的行走者们提供了宝贵的指南针，我看过讲稿后在治学策略和心灵上都有拨云见日的感觉。

吴 菲
复旦大学青年副研究员，香港中文大学社会学博士

这部讲稿给了我很大帮助。李老师不仅讨论了如何发表，也谈到了如何经营学术生涯。他根据第一线的经验为我提供了许多切中要害又实用的提醒，这是一般的"发表攻略"无法做到的。他关于学术生态的提法特别让我耳目一新。我深深觉得发表并非为炫耀个人的学术能力，而是对学术共同体的责任。如何跨越文化差异定位既有学术价值又有社会关怀的研究问题？如何站在巨人肩膀上突破个人和学界的极限？如何将自己的所学透过审稿奉献给学术共同体？这些都是我读了这部讲稿后开始慢慢思考的问题。诚如李老师所言，学术是一场漫长的赛跑，而信心、耐心与恒心则是最终获胜的不二法宝。感谢他如此精彩的分享，盼望更多从事社会科学研究工作的同行也有幸读到这部有用有趣的讲稿。

田 雷
华东师范大学法学院教授，香港中文大学政治系博士

青椒同胞们，千万不要因这本书的标题而心生畏惧，望而却步。确实，这本书谈到了如何做选题、写论文、谋求 SSCI 的发表，但这些讲求实用的"门道"并没有让这本书成为发表攻略的炫技。学术是个"局"，不出局当然重要，但我们投身学术，并不只是为了不出局。读完这本书，我更真切地感受到，越是环境残酷，空间逼仄，越是要养成做学者的尊严。很多时候，我们听到很多人生的道理，却依然过不好学者的生活，是因为那些道理往往来自体制内外好为人师的高头讲章。但在这本书中，李老师始终以资深学者罕见的平视视角，为我们讲了许多心底话和良心话。对于这些人生经验，我选择"信则灵"。就我个人而言，这本书最具意义的一句话出现在全书六讲行将结束之时，李老师或许不经意地提到：学者要"多睡觉"，"没什么事情值得你牺牲睡眠"。最后，我要感谢李老师的

豆瓣书评，有光无年 2016.12.28

一开始被书名惊到，今天花一天时间读完之后，觉得李老师是真的在用心讲实在话。书里内容都是非常务实的发文和治学经验，值得一看！

豆瓣书评，东の篱 2017.02.02

可以对照着"不发表 就死亡"这句话来看。另，此书读后，收获颇多，对于年轻学人受益良多，次之，附录写的尤为精彩！

豆瓣读书，饿师兄 2017.01.19

学术圈子是个江湖，江湖有江湖的规矩。这本书于我的主要启发有二：其一，要突破自己的极限。我写论文，总是写到80%就不想写了，想写新的题目；常常一个问题还没想透，就匆匆投入新的问题。这可能与我现阶段还在学习知识有关系。但是这不好，须改之，踏实做好一个题目，做到山穷水尽，突破极限之时，才能罢手。其二，要有原创性，要通过写论文建立自己的学术地位。此外，因为我不是政治学系的，也不是社会学系的。作为研究法学的，这本书里的很多"方法论"我没办法借鉴。但是透过这本书（第六讲值得反复翻阅），看到了老一代的学者是怎么做研究的，信心、耐心与恒心，这是很值得我努力学习的。

读者来信，纽约大学（上海）高级助理

读到前辈学者的经历时，常常感叹"原来他们也经历过，原来这些都是正常的"，因此受到鼓舞。李老师的文字读来仿如和蔼亲切的长者，好像与您进行了一场轻松有趣的谈话。虽然不曾谋面，给您写信也没有惯常的紧张不安。我是还未正式踏入学术圈的菜鸟新手，除了感谢之外也没法对书中内容提出更深刻的建议。唯一可说的就是我是赚工资的人，不是没有收入的学生，买了书觉得物超所值，请您安心。

读者简评

管 玥
香港中文大学政治与行政学系博士候选人

博二时，我觉得读不下去了。日复一日在黑暗中苦苦摸索，全然不知洞口在哪里。听我讲完种种纠结，李老师说他帮不了我，因为他每天也是这样纠结。那一刻，我才明白原来研究面前人人平等，那个巨大的坎儿忽然就过去了。这部讲稿最重要的意义或许就在这里。它不是发表论文的秘籍，而是一位前辈学者二十年摸爬滚打（李老师更喜欢称之为"连滚带爬"）的纪实。李老师告诉我们这些初入学术江湖的后生，前路艰险，切莫以顺为逆，永远不要放弃希望。

霍伟桦
南开大学周恩来政府管理学院博士生

不管是从做研究的方法、技巧的角度，还是从目前作为一个学生，以后要以做学术为志业当一名老师的角度，李老师都教会了我很多道理。

黄 飚
浙江大学博士候选人

有治学的道理，也有实用的技巧。为李老师点赞！

俞少宾
山东大学政管学院行政管理系讲师，韩国高丽大学博士

一口气读完了讲稿。李老师结合自己的亲身经历，如同拉家常般娓娓道来，传授学术发表领域的规则，一步步指导年轻学者发表的方法和技巧，甚至连如何活学活用英语这一环节都没有放过。当然最难忘的还是字里行间蕴含的对提升我国学术水准和学术地位的殷切期望，以及学术传承的拳拳之心。海外毕业的年轻学者，由于导师可能对中国或中国研

学术生涯是一种有使命的特权